藝術館
Art Museum
Creation begins with vision

K-POP 音樂產業大解密！

K-POP 뮤직비즈니스의이해

柳東佶（유동길）・著
陳聖薇・譯

推薦語

一個成功的文化輸出，倚賴的是這個文化背後的體制健全與否。韓潮方興未艾，賣的是明星、是劇情、是包裝、更是影視工業的大連結。這一本書剖析韓國演藝圈的脈動，字字珠璣。如果你是粉絲、歌迷，當你看完這本書後，你會被你所崇拜的偶像，在成名前的努力所感動。如果你是業界人士，看看別人想想自己，所謂「他山之石可以攻玉」，不正如此？

——中國時報影視消費中心副總編輯　**劉育良**

為了K-POP商業音樂產業的發展，我們迫切需要更好的環境提供給創造音樂、演奏音樂、歌手等各類優秀人才。而音樂的價值能夠被承認、收益能夠適當分配也是當務之急。本書讓大眾能正確理解K-POP商業音樂及其產業的分工效果，並期待能夠與其他產業連結，以發揮更大的經濟效果。

——韓國音樂著作權協會會長　**尹明善**（윤명선）

韓國音樂產業是許多音樂表演人辛苦打下的江山，然而現實卻是這些音樂人不但沒有收到等價的報酬，連享受的權利都沒有。本書針對商業音樂的實際面簡單說明，期待能透過本書讓音樂表演人理解其該有的權利與應得的收入。

——韓國音樂表演人協會會長　**宋存基**（송순기）

從唱片跨越至數位音源，本書依時代變化，真誠說明韓國音樂產業，並展望未來的可能性。K-POP可說是「創造經濟」*當中，文化內容的重要核心。推薦這本書給想瞭解韓國商業音樂的現況與未來的您，及相關之唱片業者。

——**韓國唱片產業協會會長　金京南**（김경남）

本書告訴我們商業音樂是什麼，將從事相關產業的所有人的角色與流行音樂的生態圈完整呈現，對往後韓國大眾音樂發展有一定貢獻，對目前正在從事或想進入這行的人才，也很有幫助。

——**韓國演藝製作人協會會長　金英鎮**（김영진）

韓國商業音樂的發展，最重要的基本應是要保護與大眾距離最近的大韓民國歌手的權益，因他們現在邁向世界，是宣揚韓國文化主要角色的緣故。在本書有系統的整理下，對於韓國歌手的權益也詳細說明，期待想踏入這個產業的人們一定要看。

——**大韓歌手協會會長**（**太珍兒，本名：**조방헌（**曹芳憲**））

---

* 譯註：此為鼓勵國民將新創意的點子現實化之政策，並有網站提供會計、法律支援及專業輔導。

目次

08 —音樂服務：抓住粉絲視線與消費之處 311

09 —結論：K-POP音樂產業的未來 343

圖、表目錄 352

01 序言

為誰？為何而寫？

有趣的是，大部分的爭執都是因誤會而起，
而人們之間的關係，有 90%以上是誤會的結果。

——格雷格・貝克
（Greg S. Baker）

「當上作曲人，就可以賺得能養活全家三代的錢嗎？」

「歌手藝人只要懂音樂就可以了嗎？」

「經紀公司真的會壓榨歌手藝人嗎？」

「目前市場環境真的只有音樂公司賺錢，而棄音樂權利人於不顧嗎？」

工作的時候，常有熟人詢問我上述問題，而授課的時候，也會收到類似的提問，而這本書就是因應這些提問而生。同時，我也意外的發現目前正在從事商業音樂（music business）產業的工作者（作詞人、作曲人、編曲人、歌手藝人、經紀人、製作人、投資物流負責人、行銷人員）只知道自己負責的業務，對於商業音樂具有全面性理解的工作者反而不多見。因而，我決心要說明整體流行音樂產業，整理並分享各階段必須知道的相關知識，期望對於K-POP商業音樂的發展也能夠有所助益。流行音樂的各個階段過程若能公開透明，就不會因為理解不足產生誤會與偏見，也不會產生各種訴訟與紛爭，讓K-POP商業音樂能夠朝更正面、積極的方向前進。

具體來說，本書是為了下列讀者所寫：

1. 歌手藝人、希望成為歌手藝人者，及其父母
2. 商業音樂負責人、出資者
3. 想理解商業音樂的所有人

首先，本書是為了歌手藝人以及希望成為歌手藝人之人[1]而寫的。實際上與歌手藝人聊天

接觸的時候，會感覺到他們對於音樂產業以及商業音樂，多半僅具有片面的知識，甚至於音樂產業是如何運轉、契約如何進行，甚或是如何進行利益計算與分配，不是完全不知道，就是認知錯誤。這個問題遠比想像中還嚴重，而正因為無知或是瑣碎的誤會，往往會導致毀約、團體分裂進而產生訴訟問題。包含歌手藝人在內，整個商業音樂是以人與人相遇所激發出的內容為核心，亦是人與人互助而產生的領域，所以一旦產生誤會或是錯誤認知，就容易產生問題，以致影響最終的成敗，因此為了防止誤會，本書主要目的是要傳達有助於歌手藝人與經紀公司、音樂公司的內容。

當然，不是要歌手藝人詳細明白理解商業音樂的細部內容，以及所有程序的詳情，因為他們是製作音樂、表演的專業人員，不需要花太多時間在其他事情上，否則對於歌迷或是對於歌手藝人本身也是一種損失。儘管如此，明白商業音樂是如何運轉，以及認識基本的內容與其環境卻是相當具有必要性。再者，因應現實社會中，成為歌手藝人的年齡逐漸降低，對於年輕的歌手藝人來說，很可能是他們第一次接觸現實社會，因無知而受騙的可能性不得不說是屬於比例極高的族群。如果新手因為不懂而發生這些問題，於現實上找不到可以提供協助之人也實屬常見。希望本書的出版，能夠讓他們具有相關知識，在與公司或是其他相關人員溝通的時候也

1　譯註：原文지망생，直譯為志願生。可視為練習生之前階段，也就是尚未成為練習生之前。本篇譯稿譯為「希望成為歌手藝人者」。

會稍微容易一點，同時於簽約時也能夠就合約文句是否調整，明確說出自己的想法意見。

過往，醫生與患者之間的問與答被認為是不尊重醫生的行為，醫生花費數十年的時間用心唸書、累積經驗，哪容得下什麼都不懂的患者問東問西，甚至於有不容許質疑醫生的想法。如今，醫生會親切的說明患者的情況，並且接受患者提問，因為讓患者理解情況也是治療的一部分，如果醫生沒有說明，讓患者覺得怪異的話，就會產生疑心，從而可能更換另一間醫院，也就是沒有「相信我就對了」單方面可以輕易決定的情況。同樣的，商業音樂也是這樣，以往是依據經紀人或是經紀公司社長以「我說這樣就這樣做」的方式進行，且不能有任何意見的不成文規定，而今，需要依據契約互相尊重，成為成功路上的同行者。

再者，歌手藝人以及想成為歌手藝人之人的父母，如果也看了這本書，就會知道自己的子女身處什麼樣的市場與產業環境下，理解並有助於其對子女的教育。

此外，想為目前正在或想要從事商業音樂的人們寫這本書，身為前輩的我，想將這段時間所學習、領悟到的事情告訴後輩們。希望將前人嘔心瀝血所經營的商業音樂的相關知識彙整，並期待可以活用之，更希望能有效率地作為將來商業音樂模式的參考。

我從進入商業音樂領域的新人階段開始，所從事的第一項業務就是音樂網站的客服中心，客服中心的職務就是要說明網站使用、音樂播放的方式，以及結帳問題，尤其是結帳部分，由於當時付費線上收聽的模式剛起步，使用者尚未習慣付費方式，因而類似的客服申訴也不在少數。進入音樂公司之後，總覺得做的事情與音樂無關，但是就是這些與音樂相關的事，累積形成我們所見的商業音樂。從音樂服務開始的音樂物流與投資業務，讓我對於音樂製作產生興趣，因而獨立製作了幾張專輯、籌備幾場海外的活動，也親眼看到K-POP的盛行，進而有了更大的夢想。很幸運的，我在商業音樂的各個領域都累積了一定程度之工作經驗，同時對於商業音樂有所研究，也有開課教授相關課程，基於希望對於往後想從事商業音樂的人們有所貢獻，因而想要出版這本書籍。

最後，提供對於商業音樂有興趣的人們一些流行音樂產業的基本資訊，希望對於音樂產業發展能有些許貢獻，以及透過對商業音樂的理解，進而能夠思索在音樂產業發展的過程中，需要添加些什麼。目前韓國的音樂產業尚處於困難之際，雖說其他產業也是差不多的情況，但音樂的價值相對不受重視，除了少數歌手藝人外，大部分從業人員都依然是身處艱困的環境，而歌手藝人主要收入是廣告與活動，音樂販賣則成為副收入。當然，一部分原因是因為韓國音樂產業的市場規模小於美國、日本，但是更多的原因是音樂的價值不被承認。音樂產業的發展不單單是將利益分配給歌手藝人與商業音樂相關工作人員，而是希望音樂能夠豐富我們的生活，對於非法下載音樂抑或是一個月給付五到六千韓圜就可以無限聽音樂的現行制度，能夠有所檢討、改進，也希望透過本書能夠讓人們理解商業音樂，同時對於音樂需要合法、合理收費制度產生共鳴，而上述的問題癥結點就是人們需要承認音樂的價值。

當然，本書也無法涵蓋商業音樂所有的內容與相關事例，特別是人與人之間的藝術活動所產生的商業模式皆具有其獨特性，例如經紀公司與所屬歌手的紛爭，雖有一般性的原因能夠分

類，但是細看爭議內容，還是有個別的因素在內，代表我們無法輕易釐清誰是誰非，因而無法將此案例當成所有相關案例的參考值，因此，理解商業音樂運作的原理就非常重要。再者，本書並非「絕對真理」，在多變技術與環境下，需要有相對應的法規，若理解書中說的音樂產業的原則，即可基於這些原則基礎，隨時更新內容以及相對應的處理方式。

透過這本書，若能夠讓歌手藝人知道：「哇！原來有這種情況，那我們不要像那樣做比較好。」或是經紀人與經紀公司會說：「可以先行閱讀本書以了解相關內容，還有不清楚的部分再來問我。」等實際活用這本書的情況，是本書出版最大的期望。看了本書就會知道，書中並不偏袒任何一個環節的相關從業人員，而是整理說明整體商業流行音樂，期望K-POP商業音樂能夠為歌迷帶來更好的音樂，相關收入也能夠適當分配給相關從業人員。

02 音樂市場

從大地圖說起！

不要扼殺懷有金蛋的天鵝。

1 理解商業音樂用語

在開始說明商業音樂之前，首先須明白幾個用語以及其概念。有些用語是源自於海外，對於急劇變化的市場或許不太適宜，卻已通用至今，因而不趁這個時間點整理，往後會產生誤解，本書基於此一因素，同時亦企圖統一相關用語，整理相關用語之背景及其意義。

商業音樂的定義

商業音樂是「以歌手藝人為中心，製作、流通（物流）、服務、販賣大眾音樂[1]之活動，並分配其所產生的利益。」另一種說法是「歌手藝人與歌迷之間，透過音樂產生的連結。」而這之中一定會有代價，也就是錢的存在，換句話說，「音樂就是賺錢」一事。

對於音樂與錢扯上關係很惋惜嗎？很可惜的是，我們無法否認這層事實關係，但也無須說成是捨棄對藝術的單純心態。我們生活在資本主義下，以費用支付的方式，提供歌手藝人與我們之間所連結的動人旋律的相關工作人員，是理所當然，而這些費用當然也會傳遞給歌手藝人，以期創作出更感動人心的音樂。

試想，若歌手藝人與歌迷直接聯繫呢？讓生產者與消費者之間沒有中介的物流角色，進行直接交易的話，雙方不是能夠獲得更多利益嗎？然而可惜的是，目前幾乎無法直接進行歌手藝人與歌迷間交易的方式，去除掉中間中介的角色，歌迷需要直接到歌手藝人的家中，請他以演唱的方式進行，而以這種模式，歌手藝人僅能面對少數幾名歌迷演唱，同時需要支付大筆費用（眾所皆知的是，歌手藝人的身價是相當高的）。閱讀本書可理解需要站在尊重音樂產業的前提下，找尋能夠滿足整個商業音樂並極大化利潤的方式。過往，相較於歌手藝人，中介產業（投資者、物流流通業者、服務公司）掌握較大權利，而今，網路與相關尖端科技的發達，縮短歌手藝人與歌迷之間的距離，可以想像未來的商業音樂，能夠更縮短兩者之間的距離，這部分我們會在後續章節中說明。

然而，為何我們不用「音樂事業」，而要使用商業音樂（music business）的英文呢？常常會有人這樣問我，我僅能回答「同樣的意思，但是一般業界較常用商業音樂（music business）一詞」。為什麼一般人較習慣使用「商業音樂（music business）」而非「音樂事業」呢？仔細思考會發現，這些英文用法早已深植人心，因而無法翻譯成韓文，直接用英文外來語方式標記居

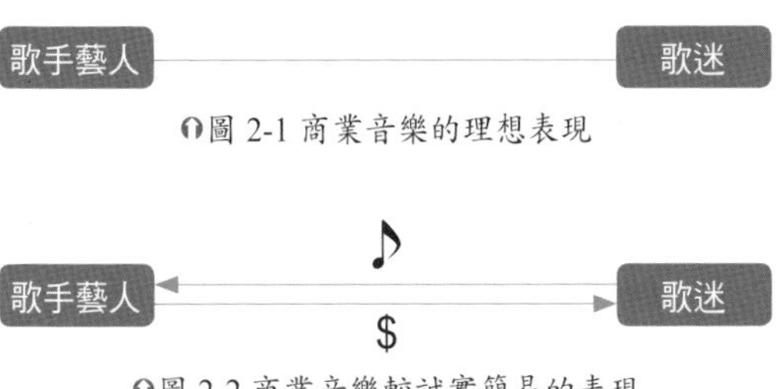

圖 2-1 商業音樂的理想表現

圖 2-2 商業音樂較誠實簡易的表現

1 以一般大眾為主要對象，帶有單純、通俗、娛樂，並透過大眾媒體傳遞，追求商業利潤之商業目的之音樂的統稱。與既有的純粹音樂（西洋音樂、東洋音樂、民族音樂）的概念是相對的——維基百科。

多，就像是「媒體」一詞，我們多半使用「media（미디어）」、「演藝、娛樂」一詞，我們多半使用「entertainment（엔터테인먼트）[2]」的模式一樣。

再者，如使用「音樂事業（음악사업）」，容易與「音樂產業（음악산업）」混淆，因而「商業音樂（music business）」的用法相對明確容易理解。事業（사업）一詞，是製作產品或服務，販賣給顧客的活動，產業（산업）一詞，則是各項事業的集合。亦即，音樂事業是製作音樂，販賣給顧客的個別活動，而音樂產業是所有音樂事業的總稱。換句話說，音樂產業包含許多不同的音樂事業在內。因而，韓國內容振興院所發行的「二〇一〇年音樂產業白皮書」整理出下列定義。

> 「音樂產業」類型，或說無形音源媒介（Configuration）的販賣事業、公演以及活動事業、藝人經紀管理（Artist management）事業、音樂出版事業、OSMU（One Source Multi Use）而來的銷售（Merchandising）事業，且以藝人與其樂曲為中心的事業總稱。

本書不從宏觀的角度看待音樂產業，將從個別「商業音樂（music business）」，也就是音樂事業說明，因而本書將統一使用「商業音樂」一詞。

再者，本書所謂商業音樂的範圍限定在音樂的基本範疇（做音樂、聽音樂）內，也就是說，歌手藝人唱歌與公演，或是將音樂用於廣告等，方為本書所討論的範疇，而歌手藝人參與活動、廣告的演出費用、KTV版權等就不在本書討論範疇內。目前實際情況為音樂的價值不被承認，所以經紀公司與歌手藝人從製作與販賣音樂賺不到錢，反而將參與活動、廣告的演出費當成主要收入。為了掌握這不正規的收入模式，我們將商業音樂限定於與音樂有直接關係的範疇。

著作權人：作詞人、作曲人、編曲人

音樂的起步是作曲，擔任這項工作的人我們稱為作曲人，指其創作前所未有的曲目。一般而言，作曲是製作旋律，亦即搭配吉他或鋼琴等簡單的伴奏樂器製作成旋律。或者是持著行動電話或錄音機發出無意義的「啦啦啦～」的旋律，亦視為作曲的一種。並非一定要寫樂譜，或是使用 Cubase、Logic Pro 等音樂軟體才能完成，只要能提供感人的旋律便可以說是作曲。

作詞人，是將作曲人完成的曲，譜上歌詞的人，我們所謂的大眾音樂，與經典音樂不同的地方是，大眾音樂多半都搭配有歌詞，因而在這個範疇內作曲人與作詞人是並存的。

編曲人是將作曲人製作的旋律搭配鼓、吉他、貝斯、鋼琴等樂器，將曲編輯成實際可供使用之伴奏曲目。就這樣作曲人、作詞人、編曲人，即稱為著作權人，著作權人完成音樂，交由歌手藝人演唱、演奏。

2 譯註：韓國語屬於表音文字，與我們熟悉的中文表意文字最大的不同是，可以採用該文字拼寫唸出（類似）原文發音之外來語，就語言學習上我們稱呼這為韓國語下之外來語標記，其標記方式亦須經由韓國國立韓語院核可，方可使用於公文書、報紙新聞以及大學入學考試標準標記拼音。

歌手藝人

本書所謂「歌手藝人」一詞，為「演唱或演奏大眾音樂的人」，「歌手」則限定於歌唱的意義，「藝人」則不限定於音樂，其他藝術領域亦常使用，與我們想要表達的形象與用語不太合適，然而，歌唱、跳舞、創作歌手、樂團皆包含在內之故，因而「歌手藝人」為較適當之用語，實際上在對大眾演講或說明時，採用「歌手藝人」一詞較易理解，不易出現紛爭。

經紀公司：製作公司、所屬公司、label

若從美國的商業音樂歷史為基準，K-POP的商業音樂或許帶有不同的意義，然而K-POP商業音樂亦可採用相同的定義為之。以歌手藝人為中心的美國，與以經紀公司為中心之韓國的經紀人制度不同是一關鍵，後續說明「經紀公司」的單元會提及。

K-POP商業音樂，是以經紀公司與歌手藝人簽訂契約、製作音樂、母帶專輯[3]並交予物流流通業者之音樂製作人為運作模式，管理歌手藝人之行程，為其安排公演、電視、廣告等活動演出，亦屬於公司經紀業務範疇。

Label一詞，原意為唱片製作公司品牌，現為大型經紀公司轄下的經紀公司，或是小規模獨立經紀公司之意。現今在經紀公司極大化（有計畫的與外部經紀公司進行不同規模的吸收合併或購併）的情況下，歌手藝人人數日漸增多，音樂的類型也較以往多樣化之際，管理實屬不易。所以大型經紀公司分為幾個小型 Label 進行管理，同一母公司，會依據不同的音樂類型而有不同的營運模式。例如 Woollim 娛樂（INFINITE、Nell、Lovelyz）以及ＳＭ娛樂的獨立經紀公司，Starship 娛樂（K.will、SISTER、Boyfriend）、STARSHIP X（Mad Clown、Junggigo）、LOEN TREE（IU、SunnyHill、History）以及 Collabodadi（Zia、FIESTAR）皆為 LOEN 娛樂的 Label，Jellyfish（成始境、朴孝信、徐仁國、VIXX）、MMO（Davichi、孫昊永、洪大光、朴博・拉姆）、Musicworks（白智榮、柳星恩）、一八七七（Hini）以及 CJ Victor 娛樂則是屬於 CJ E&M 的轄下。

本書統一使用「經紀公司」一詞，如果有不同情境使用上之需求，或業界常用語，會採用業界用語。

物流公司：代理中介業者、唱片公司、配送公司

經紀公司將唱片、音源交由物流公司配送，我們稱為物流公司或是配送公司。經紀公司將其所享有之一部分的著作鄰接權[4]交予物流公司，給予物流公司代替經紀公司收取相關使用費用之權利，這一代替執行權利之公司，我們稱為代理中介業者。「唱片市場」一詞，狹義的說

3 於量產ＣＤ的時候，所使用的原始專輯母帶，經過錄音室錄音、混音而成之專輯母帶。

4 請參考第四章著作權中一文「管理權之著作人格權與著作財產權」。

是CD、DVD市場、「唱片公司」則是採取廣義的範圍，包含流通、配送CD、DVD、數位音源的公司。以往沒有數位音源之故，採用唱片公司一詞不會造成混淆，然而現今音源音樂市場為中心，持續使用唱片公司一詞有點與時代不契合。

一般稱為直配公司（直接配送公司）之海外三大 MAJOR 直配公司 Universal Music、Sony Music、華納音樂皆為獨立且遍及全世界的物流、配送網絡，進行音樂的物流流通與配送。而其轄下亦有多個 Label，也具有經紀公司的機能。更廣泛的看，這些大規模之經紀公司與物流公司是一體的，韓國國內也有許多企業是採用這樣的事業模式，同樣的，物流公司中也有與服務公司共同營運的情況。本書諸中，代理中介業者、唱片公司、配送公司等，應統一用語為物流公司，雖目前法律與相關規定的用語尚未統一，但本書採用物流流通公司一詞。

服務公司：音樂網站、P.O.C.（Point Of Contact）、音源公司

將音源提供給消費者，也就是歌迷手上之公司，稱為服務公司。過往在網頁服務的時期，melon.com、genie.co.kr、mnet.com、bugs.co.kr、soribada.com 等幾個音樂網站屬於獨大經營，而如今智慧型手機普遍化，網頁版、行動電話以及應用程式等多樣接觸方式，稱為 P.O.C.（Point Of Contact）。又因為音源服務之故，稱為音源公司，而本書統一稱為服務公司。

專輯（唱片+音源）

狹義的唱片是指CD、DVD等模擬格式，廣義的唱片是包含數位格式之音源（MP3、串流）與CD、DVD等模擬格式。例如，韓國唱片產業協會僅就模擬格式之CD、DVD為主，而國際唱片業協會（IFPI：Inter- national Federation of the Phonographic Industry）目前則是模擬格式的CD、DVD與數位音源皆包含在內。本書為不混淆，採用狹義的唱片定義，而不用廣義的唱片定義。同時指稱唱片與音源部分之用詞，則採用專輯一詞。

K-POP

K-POP是Korea(n)與POP大眾音樂，也就是流行音樂的合成語，亦即韓國流行音樂之意，早期多為「偶像團體之舞曲」，現在已經是等同韓國歌曲之總稱。韓國境內所謂「大眾音樂」或是「歌謠[5]」，在海外，已經通稱為「K-POP」就是指韓國大眾音樂之意。從音樂的歷史或是分類的基準來看，K-POP與韓國大眾音樂並不等同，然而本書強調產業面以及因應全球化環境，因而採用廣義的定義，將K-POP視為韓國大眾音樂。

換句話說，本書的K-POP定義，不僅有偶像團體的歌曲、弘大為中心之獨立音樂，演

5 譯註：韓國的「歌謠」一詞，有點接近我國之「民歌」或是「演歌」的歌曲。

歌等韓國大眾音樂皆屬之。

K-POP遠比我們所想的範圍還廣泛，以Facebook實際誕生故事而出品之電影《社群網站》（The Social Network）的主角傑西・艾森柏格，於其另一部電影《盜貼人生》的片尾曲，就是Shin Jung-hyeon的創作〈太陽公公〉（演唱歌手：Kim Jung Mi），這首歌是一九七三年發表的作品，海外的電影採用這年代久遠的歌曲，又原汁原味的採用原曲，因而可以得知K-POP不能只限定在偶像團體的音樂。加以PSY的〈江南style〉風行全世界，等於是擴大了K-POP的意義。因此，本書書名以及欲討論的主題「K-POP音樂產業大解密」就不著重於藝術類基準，而是從全球環境之下的產業基準來討論與理解「韓國大眾音樂」。

以上整理之商業音樂用語可用下圖[6]表示。下一節我們會討論商業音樂市場規模的大小。

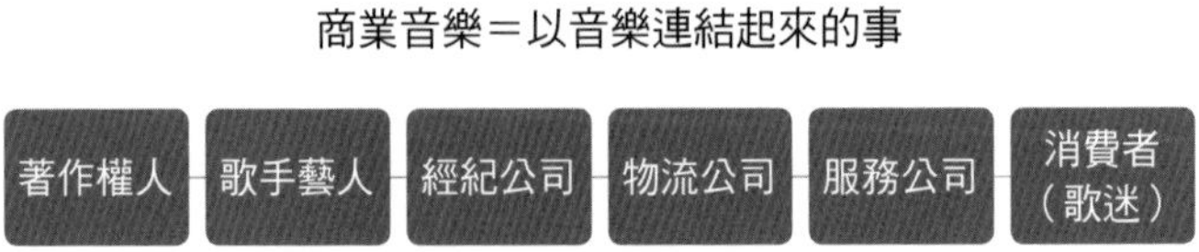

商業音樂＝以音樂連結起來的事

著作權人 — 歌手藝人 — 經紀公司 — 物流公司 — 服務公司 — 消費者（歌迷）

圖 2-3 商業音樂的價值鏈

2 音樂市場的規模

政府提供音樂產業規模

政府（文化體育觀光部、韓國內容振興院）訂定的音樂產業的各業別定義（出處：二〇一二年音樂產業白皮書）。

政府依據各種規則與法規將各產業分類，並列出該產業之下業別，且依據「中分類」、「小分類」的方式分類管理。因而，該產業或是市場實際從事相關業務之從業人員，即會因為這個分類基準而有所差異，這原也不是嚴重的問題，而是因為基準不同所無法避免的現象。從政府立場，該產業與其下各業務為產業類別，透過分類而有公平的競爭規則與國家研擬振興對策的基準。從企業立場，可依據其所擁有的資源創造最大利潤，才可與其他業者競爭，讓消費者看見其努力與優點。也就是說，政府分類下的音樂產業或者是音樂市場規模，與本書所欲探討的商業音樂中心之音樂市場規模是一致的。政府將音樂產業區分為七個中分類以及十六個小分類，然而並不排除每間公司都可能同時經營具有多樣事業類別。

6 商業音樂這個主題所連結的事物，顧名思義就是商業音樂的價值鏈。而所謂價值鏈，是以提供顧客音樂的方式，將各階段創造出的新價值串連起來。

音樂產業分類體系

中分類	小分類	分類定義
音樂製作業	音樂企畫唱片與音源	唱片與音源之企畫、製作業者
	經營錄音設備	經營錄音設備業者
音樂與 audio 出版業	出版音樂 audio	音樂樂譜出版業者
	其他 audio 製作	其他 audio 製作出版業者
唱片複製與配送業	複製唱片業	複製唱片業者
	配送唱片業	將唱片配送至經銷商之業者
唱片經銷業	唱片批發商	唱片批發業者
	唱片零售商	唱片零售業者
	網路唱片零售商	非實體，網路販賣唱片業者
線上音樂物流業	行動電話音樂服務	音源代理中介將音源讓與行動電話音樂服務業者（SKT、KT、LGU+7）
	網路音樂服務	音源代理中介將音源讓與網路音樂服務業者
	音源代理中介	音樂權利者將音源權利讓與線上中介業者
	內容製造與提供（CP）	製作音源提供行動電話音樂服務業者
音樂公演業	音樂公演企畫與製作	音樂劇、大眾音樂、經典劇、歌舞劇、傳統公演之企畫與製作業者
	其他音樂公演服務	提供音樂公演相關服務業者（售票等等）
練歌房8營運業	經營練歌房	提供伴奏、伴唱帶等相關設施之業者

表 2-1 音樂產業分類體系

舉例說明，某一家經紀公司同時經營「音樂複製業」與「唱片複製業」，一部分的物流公司同時經營「唱片經銷業」與「網路音樂服務」。依據該業種的相關法律與規則，有的業種必須每年向政府報告，或申請許可的情況，若沒有據實申報的話，會有罰鍰、營業中止等處罰，因而公司負責人須留意，若公司要追加其他業種時，需依據相關法規向稅務單位或法務部門申請許可、登記等。

那麼，各類別的實際從業人員又有多少，而能夠賺多少錢呢？

有必要修正政府提供之資料之理由

從表2-2可以看到，二〇一一年為基準之音樂產業總賣出額為三兆八千億韓圜[9]，但說韓國音樂市場具有三兆八千億韓圜這樣數據有點不真實。因而提出以下三個追加基準來推定本書欲探討的K-POP商業音樂之市場規模。

7 譯註：韓國三大電信業者。

8 譯註：原文直譯應為唱歌房，可小規模經營，類似我國以往常見的卡拉OK，與現今常見之KTV不同之處在於不使用音樂錄影帶，不須給付音樂錄影帶之費用，也就是僅有伴唱帶，但沒有歌手出現的畫面。中文多半稱之為練歌房，本書後續文中有詳細說明。

9 政府透過發放問卷調查的方式，統計各音樂產業類別的賣出額度，但並非所有類別業者皆參與調查，況且，每個類別的基準不同，很難有具體確實的統計。因而需要透過全面調查與標本調查進行推斷，但是至今仍無法進行。

中分類	小分類	從業人員數	2011 年賣出額（百萬韓圜）	賣出比重	年平均賣出增加率
音樂製造業	音樂企畫唱片與音源	692	123,925	3.2%	29.8%
	音樂企畫唱片與音源之外	1,581	455,116	11.9%	33.7%
	經營錄音設備	497	40,565	1.1%	12.0%
	小計	2,770	619,606	16.2%	31.1%
音樂與 audio 出版業	出版音樂 audio	64	12,667	0.3%	15.9%
	其他 audio 製作	16	960	0.0%	19.2%
	小計	80	13,627	0.4%	16.2%
唱片複製與配送業	複製唱片業	149	45,233	1.2%	8.6%
	配送唱片業	138	56,246	1.5%	12.2%
	小計	287	101,479	2.7%	10.6%
唱片經銷業	唱片批發商	151	49,449	1.3%	16.1%
	唱片零售商	377	72,806	1.9%	7.4%
	網路唱片零售商	169	27,968	0.7%	17.5%
	小計	697	150,223	3.9%	11.9%
線上音樂流通業	行動電話音樂服務	26	122,396	3.2%	26.5%
	網路音樂服務	1,679	592,449	315.5%	28.3%
	音源代理中介	181	86,662	2.3%	19.9%
	內容製造與提供（CP）	469	78,027	2.0%	3.5%
	小計	2,355	879,534	23.0%	24.3%
音樂公演業	音樂公演企畫與製作	2,852	488,352	12.8%	47.5%
	其他音樂公演服務	223	43,905	1.2%	14.8%
	小計	3075	532,257	13.9%	43.7%
練歌房營運業	經營練歌房	68,917	1,520,734	39.8%	6.5%
	小計	68,917	1,520,734	39.8%	6.5%
音樂產業合計		78,181	3,817,460	100%	18.0%

表 2-2 音樂產業業種別賣出現況

第一，以合計消費者賣出總額為市場規模的基準，表2-2則是依據整體賣出額來推定市場規模。例如，A歌手藝人的專輯，其經紀公司用五千韓圜讓與物流公司，物流公司加上其所欲得之利潤一千韓圜後，以六千韓圜讓與零售商，零售商加上其所欲得之利潤一千五韓圜後，以七千五百韓圜賣給消費者時，可列出如下：

經紀公司五〇〇〇韓圜
流通公司六〇〇〇韓圜
零售商七五〇〇韓圜
賣出總額一八五〇〇韓圜

上述的方式所計算的總賣出額，可以推斷為三兆八千億韓圜，而本書選擇將重複計算的部分扣除，採用分開計算的方式，也就是，不將所有供應鏈的賣出額加總，而是合計最終販賣的賣出額。舉例來說，在假設A歌手藝人的專輯一年僅銷售一張專輯的前提下，該年度的音樂市場規模為七千五百韓圜。零售商賣出的七千五百韓圜中，零售商賺取一千五百韓圜利潤，六千韓圜交由物流公司進行分配。物流公司從中賺取一千韓圜利潤，其餘五千韓圜交由經紀公司進行分配。經紀公司用這五千韓圜支付員工薪水、辦公室費用等等。因此，本書即從消費者端獲得之總賣出額為市場規模基準。

第二，政府是否有將佔音樂市場規模40%的練歌房銷售額計入商業音樂之範疇。練歌房的銷售額佔總銷售額三兆八千億韓圜中的一兆五千億韓圜，比例極高。練歌房的銷售額，為到練

歌房消費的消費者支付給業者的費用總計。然而，這些費用大部分沒有使用於商業音樂分配上，練歌房的收入並沒有支付給該歌曲作詞、作曲之權利人任何權利費用，而是使用於練歌房之租賃費用（租用機器設備）與經營費用，因而將練歌房排除在音樂產業規模之外較佳，本書則僅將練歌房會產生的權利費用計入音樂市場規模。

最後，歌手藝人廣告、活動演出等經營銷售額是否計入商業音樂之範疇。因為科技發達，音樂的價格比起CD盛行的年代低很多，許多經紀公司無法僅依靠販售音樂的事業生存，所以將主要收入移轉至廣告、活動演出。而本書將商業音樂討論限定於「連結歌手藝人與歌迷的事」，所以排除廣告、活動演出等對於經紀公司而言是重要收入的部分，期望以「音樂」為主要目標，推定K-POP的商業音樂市場規模。

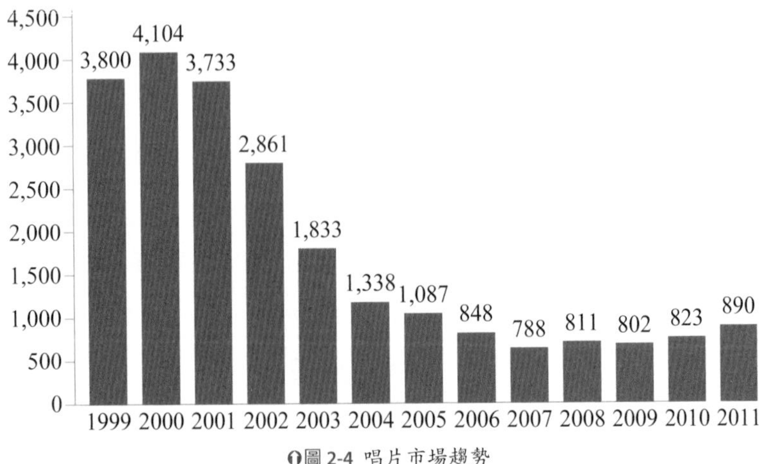

圖 2-4 唱片市場趨勢

▶依據協會與企業資料為基準之K-POP商業音樂市場規模

參考政府所提供之二〇一一年資料為基準，也就是表2-2之資料，以及商業音樂各領域資料與協會、企業所發表之資料推定[10]二〇一四年K-POP商業音樂市場規模如下：

(1)唱片市場

上圖2-4是依據韓國音樂內容產業協會[11]發表的資料為基準繪製，我們可以從這張圖看出，二〇〇〇年的韓國唱片市場達到最大市場規模之四一〇四億韓圜，而後MP3普及以及網路發達之故，市場規模急遽縮減。二〇〇七年為七八八億韓圜，然而之後各年度沒有持續下降，維持一定規模。依據表2-2唱片市場零售商七二八億韓圜以及線上音樂零售商二七九億韓圜加總，總共有一〇〇七億韓圜。而依據韓國內容振興院[12]的表2-2，與韓國音樂內容產業協會的圖2-4資料的平均銷售額為九五〇億韓圜看來，大致符合二〇一一年之後的唱片市場規

10 唱片市場、音源市場中行動電話音樂市場依據二〇一一年資料，音樂服務依據二〇一四年資料、公演市場依據二〇一一到二〇一二年資料、練歌房著作權市場依據二〇一四年基準，推定出的整體商業音樂二〇一四年之市場規模。

11 譯註：한국음악콘텐츠산업협회 http://www.kmcia.or.kr（韓文網站）。

12 譯註：한국콘텐츠진흥원 www.kocca.kr

模。二〇一一年之後，K-POP人氣上升，儘管韓國國內的CD、DVD買氣低迷，但是海外的銷售量持續增加，讓市場維持一定規模，同時未來CD在音樂市場上的定位不是音樂觀賞，而是收藏用商品的可能性高，所以唱片市場不會出現太大變化，大致能維持一千億韓圜左右的市場。綜合看來，二〇一四年的唱片市場規模可推定為九五〇億韓圜。

(2) 音源市場

音源市場分為行動電話音樂服務與線上音樂服務，包含透過智慧型手機之音源串流服務。行動電話音樂服務包含來電答鈴（打電話給對方時，聽到的電話連結聲音）、電話鈴聲（電話聲響的鈴聲），然而智慧型手機出現卻大幅縮減市場規模。特別是電話鈴聲的部分，智慧型手機的出現改變了電話鈴聲設定模式，原先依賴的需求模式瞬間減少。但來電答鈴因需要透過電信公司設定而維持一定使用量，卻也不比從前的銷量。因而依據表 **2-2** 韓國內容振興院資料，二〇一一年「行動電話音樂服務」的銷售額為一二三四億韓圜，二〇一四年則可推定[13]為二〇一一年的一半約六二〇億韓圜。

（出處：NH 農協證券報告書 2014.05.21）

MELON 付費會員數（人）	一人平均 ARPU（韓圜）
2,650,000	6,354
月銷售額（韓圜）	**年銷售額（韓圜）**
16,838,100,000	202,057,200,000

表 2-3 MELON 年銷售額推定

由於線上音樂服務的各家服務公司的銷售額並沒有公開的數字，因而採用目前使用率第一名的MELON（www.melon.com）的銷售額為基礎推定。

ARPU是Average Revenue Per User的縮寫，亦即每位付費會員平均消費額度，也就是MELON付費會員人數為二六五萬名，每人每個月支付六三五四韓圜的話，每月銷售額與一年銷售額之推定。目前MELON的市佔率約60%，可計算出付費線上音樂服務有三三六七億韓圜的市場。如果加上免費線上音樂服務市場與商店音樂服務市場，可明確推定音源市場的規模。所謂免費線上音樂服務係指提供消費者免費的服務，但是付費給權利人的服務公司，目前以三星電子的MILKMUSIC（www.milkmusic.co.kr）最具代表性，這個市場目前沒有確實的公開資料，但是據統計有一〇〇億韓圜的規模。商店音樂服務市場規模約為[14]一二〇億韓圜左右的規模。

綜上所述，行動電話音樂服務六二〇億韓圜、線上音樂服務三三六七億韓圜、免費線上音樂服務一〇〇億韓圜、商店音樂服務一二〇億韓圜，推定二〇一四年音樂市場約為四二〇七億韓圜的規模。

---

13 柳善一（2014.06.25），瞬達八年的手機鈴聲、來電答鈴價格調漲。Etnew，http://www.etnews.com/20140625000293?obj=Tzo4Oi。

14 全智言（2014.02.16），「音量」培育出商店音樂產業。Etnew，http://www.etnews.com/201402140410?obj=Tzo4OiJz

(3)表演音樂市場

政府統計資料顯示，市場規模預測包含音樂劇、大眾音樂演唱會、經典劇、歌舞劇等，但是我們限定於大眾音樂演唱會的範疇。依據表 2-4 韓國內容振興院提供的統計資料顯示，二〇一一年為基準的表演音樂市場約五三三三億韓圜規模。依據藝術經營支援中心[15]的「二〇一三年表演音樂藝術實況調查」顯示，二〇一二年韓國國內音樂表演市場規模為七一三〇億韓圜[16]。當然，這兩個機關針對銷售額統計的方式不完全相同，其基準也不一致，多少有一定程度的差異，而二〇一二年韓流以來，音樂劇觀眾人數增加以及大型表演場地使銷售額增加等，都是影響表演銷售額的因素，其增加原因亦是可以理解。雖然二〇一四年的音樂劇出現停滯跡象，但是隨之興起的七〇八〇演唱會以及集合眾多歌手的共同演唱會卻帶動了新一波的可能，依據二〇一一年之

（單位：百萬韓圜）

	音樂劇	大眾音樂演唱會	經典劇	歌舞劇	其他	合計
二〇〇九年	142,331	43,965	41,132	14,115	16,389	257,662
二〇一〇年	165,778	76,093	43,255	19,692	18,431	323,249
二〇一一年	255,448	182,587	49,632	23,253	21,237	532,257
比重（%）	48.0	34.3	9.3	4.4	4.0	100.0
對比前年增加率（%）	54.1	140.0	14.7	18.1	15.8	64.7
年平均增加率（%）	34.0	104.4	9.8	28.4	14.1	43.7

表 2-4 音樂公演產業各類別規模（2009～2011 年）

基準，大眾音樂演唱會佔整體公演的三十四．三%的話，目前可推定為35%左右。亦即，整體表演音樂市場於二〇一四年推定為七〇〇〇億韓圜規模的話，大眾音樂演唱會則約為二四五〇億韓圜的規模。

對於未來音樂表演市場似乎可以樂觀估計，雖然透過媒體不論何時、何地都可以使用音樂，但若要與歌手藝人有直接接觸的機會，就一定要到現場才能夠感受到歌手藝人的魅力與其所給予的感動，不太可能出現萎縮的情況。最重要的是，韓國表演市場極具競爭力，對於來到韓國的觀光客而言，是一場很棒的享受與體驗，好比到紐約的話，就一定要去百老匯劇院一樣，韓流的影響層面，對於表演市場有一定影響，這個市場我們可以拭目以待。

⑷練歌房著作權市場

練歌房（包含娛樂酒館、酒店場所）著作權收入的情況，依據韓國音樂著作權協會於二〇一四年發表的收入業績如下[17]：

15 譯註：예술경영지원센터 www.gokams.or.kr。

16 藝術經營支援中心（2013.12.20），二〇一三年公演藝術實況調查（二〇一二年為基準）結果公布。http://www. gokams.or.kr/01_news/report_view.aspx?Idx=416。

17 KOMCA（2015.02.03），一二〇〇億會計公開資料，http://www.komca.or.kr/CTLJSP。

複製使用費用中，歌曲伴奏機使用費用約33億韓圜，加上公演使用費用中的娛樂場所使用費用（約一五四億韓圜）、酒吧使用費用（約48億韓圜）、練歌房使用費用（約一一三億韓圜），總計約三四八億韓圜。唱片與音源，於公演銷售額內包含音樂著作權費用，除此之外，練歌房銷售額亦可推測出商業音樂著作權費用。

商業音樂市場規模

綜合上述提及商業音樂之資料，以二〇一四年為基礎的K-POP商業音樂市場，推定如下：

唱片市場九五〇億韓圜
音源市場四二〇七億韓圜
公演市場二四五〇億韓圜
練歌房著作權市場三四八億韓圜
合計：商業音樂規模七九五五億韓圜（約八〇〇〇億韓圜）

由此可以得知每年的商業音樂市場規模約有八〇〇〇億韓圜，本書第三章起會一一檢視誰可以分配多少利潤。而調查商業音樂市場規模的理由，正是為理解韓國當前的狀況，以及談論思索往後該朝哪個方向前進。

如同 Kusek and Leonhard（The Future of Music, 2005）所言，音樂對於我們其實跟空氣一

樣重要，沒有空氣，人絕不可能生存，但是過於理所當然的想法導致其價值容易被忽略。我們雖沒有支付使用空氣的費用，卻有支付使用音樂的費用，這是因為空氣是自然存在的天然資源，而音樂卻不是天然生成的資源。

比較一下韓國商業音樂市場與其他產業市場，可略知一二，試想，如果空氣不用付費，但是水呢？

韓國國內礦泉水市場規模於二〇一四年為六〇〇〇億韓圜[18]，而K-POP商業音樂市場規模八〇〇〇億韓圜，單就數據看來，可以說音樂比水還要貴，但是，仔細探究會發現不是這樣的，單看瓶裝水的話，確實是K-POP商業音樂的市場較大，然而若計入兩兆韓圜的飲水器（機）市場的話，飲用水就比音樂還要貴。只是，水是生存必需品，比音樂還貴是一般能夠接受的事實。

那麼，不是生存所需的咖啡，又是如何呢？若單純比較咖啡一杯四到五千韓圜，音樂一個月無限聽的費用是六千韓圜的話，兩者的市場規模差異確實頗大。事實上，以二〇一三年為基準，韓國國內咖啡市場達到六兆一五六〇億韓圜[19]，即使辯解說「我不喝咖啡豆煮出來的咖

18 金範碩、金承年（2014.10.15）〈礦泉水市場首度打敗果汁，第一次站上飲料第一名〉。東亞日報（http://news.donga.com/3/01/20141014/67165109/1），引用自尼爾森韓國。

19 嚴佑燮（2014.06.30），〈韓，咖啡每年二四二億杯，四兆六千億韓圜市場〉。The Herald 經濟（http://hooc.heraldcorp.com/datalab/view.php?ud=20140630000469&sec=01-71-03）。

啡，只喝便宜的即溶式咖啡」也無用，因為即溶式咖啡市場也擁有一兆三千億韓圜的規模。或許會出現認為針對製作、演唱、享受音樂的音樂市場，遠小於享受咖啡的市場等等不盡相同的見解。

看看美國的情況，咖啡市場比音樂市場還大，但是兩者之間的差異比韓國小。以二〇一四的基準看來，美國咖啡市場為四八〇億美金[20]，約為韓幣五十二兆六千億韓圜，美國音樂市場為一五〇億美金[21]，約為韓幣十六兆四千億韓圜（匯率基準：一比一〇九五），也就是美國咖啡市場是音樂市場的三倍左右，然而韓國的情況卻是咖啡市場為音樂市場的七倍以上。

因此，韓國的咖啡消費率並沒有比美國高，依據《朝鮮商業週刊》[22]（二〇一三年九月），韓國在世界各國GDP排名為第十五名，而咖啡消費則為第三十五名，可見咖啡的消費量尚屬不多。

這樣說並不代表非得主張商業音樂（music business）市場必須比咖啡市場大，但與礦泉水市場以及咖啡市場相比，音樂尚屬於不被市場承認之地位，沒有獲得其應有之價值。而品質好的礦泉水，肉眼雖無法判斷，但是人們願意用高一點的價位購買飲用，所以音樂是否也需要支付相當費用，以建立市場秩序呢？當然，音樂製作以及音樂供給的物流流

（單位：億元）

	音樂市場	咖啡市場	音樂市場：咖啡市場 比率
韓國	8,000	61,560	1：7.7
美國	164,000	526,000	1：3.2

表 2-5 咖啡市場比較

通、服務公司該如何提供消費者更便利於享受音樂的方法，亦是我輩需要認真思索的問題。

世界音樂市場規模

二〇一四年六月，資誠聯合會計師事務所（PwC）發表世界各國音樂市場規模預估，二〇一四年韓國的預估值為八千億韓圜，與實際情況相同。美國、日本、德國、英國排名前四名，這四個國家的音樂市場就佔全世界的60%。世界第一名的美國市場約一百五十億美金，韓國約八億美金，差距為十九倍、第二名的日本為約四十八億美金，是韓國的六倍，而中國以年平均8.6%的速度急速成長，可望於二〇一五年超過韓國的音樂市場。

20 Elaine WATSON(2014.05.06). Packaged Facts: Younger adults might be immersed in the coffee house culture, but they don't drink as much coffee as we think. *Food navigator.com*（http://www.foodnavigator-usa.com/Markets/Packaged-Facts-2014- US-retail-foodservice-coffee-market-report）

21 Statista(2015). http://www.statista.com/statistics/259980/music-industry-revenue-in- the-us

22 譯註：조선비즈 biz.chosun.com。

排名	國家	2009	2010	2011	2012	2013	2014	2015	2016	2017	2018	2013-18CAGR
1	美國	16,099	14,938	15,083	15,080	15,077	15,190	15,398	15,709	16,027	16,534	1.9
2	日本	5,732	5,438	5,341	5,435	5,041	4,857	4,774	4,735	4,711	4,692	-1.4
3	德國	4,577	4,270	4,323	4,267	4,316	4,330	4,326	4,323	4,318	4,335	0.1
4	英國	4,675	4,365	4,325	4,070	4,110	4,121	4,131	4,137	4,140	4,139	0.1
5	法國	1,530	1,544	1,648	1,783	1,817	1,837	1,861	1,874	1,875	1,865	0.5
6	澳洲	1,279	1,228	1,298	1,369	1,427	1,495	1,545	1,580	1,599	1,605	2.4
7	加拿大	1,358	1,253	1,272	1,303	1,338	1,359	1,385	1,415	1,449	1,488	2.2
8	俄羅斯	1,293	1,212	1,194	1,259	1,327	1,412	1,507	1,611	1,722	1,841	6.8
9	義大利	1,135	1,108	1,094	1,062	1,019	990	967	949	933	919	-2
10	瑞典	802	768	753	786	825	858	893	931	972	1,016	4.3
11	韓國	631	664	712	759	780	801	819	835	856	888	2.6
12	西班牙	890	827	792	779	750	722	705	691	680	676	-2.1
13	中國	601	611	637	673	715	766	824	892	974	1,078	8.6
14	巴西	475	478	497	515	533	551	571	594	621	652	4.1
15	墨西哥	430	415	458	445	452	464	479	497	517	539	3.6
16	印度	266	294	320	332	347	362	380	398	418	438	4.8
17	泰國	326	323	324	321	308	300	295	293	294	297	-0.7
18	土耳其	248	237	256	254	250	248	249	250	254	258	0.6
19	南非共和國	250	245	234	226	220	212	210	212	216	221	0.1
20	印尼	214	203	195	188	181	177	176	179	184	192	1.2
21	阿根廷	122	126	133	133	132	132	133	135	138	142	1.5
22	台灣	128	128	126	121	114	110	110	113	119	130	2.7
23	智利	58	61	66	72	75	78	81	84	85	86	2.7
24	越南	46	45	44	45	45	45	46	47	48	50	2.2
25	埃及	6	6	5	5	5	5	5	5	5	5	0.8
26	沙烏地阿拉伯	4	4	3	3	3	3	3	3	3	3	1.4
27	阿拉伯聯合大公國	3	3	3	3	2	2	2	2	2	2	-7.4

•參考資料：PwC（2014）2014-2018 年全球娛樂暨媒體產業報告

表 2-6 世界音樂市場[23]

3 音樂市場的變化

從唱片到音源

以往，唱片市場的用語較音樂市場常見，而我們多半以唱片公司一詞稱呼音樂公司。如今，已沒有必要區分唱片與音源市場用詞，一提到音樂，多半都會先聯想到音源，而唱片則是被歸類於收藏商品之一。經紀公司在製作專輯的時候，也不會被限定於已收錄十首歌曲為主的CD，可以採行數位單曲的型態，每回發行一兩首歌曲的方式，若能持續發行的話，進而集結而成一張紀念專輯。

這不僅與經紀公司預算有關，同時也能夠考量歌迷的消費型態。再者基於現實考慮到，現今比起收錄十首歌曲的CD消費模式，選擇自己喜歡的音樂、儲存於我的最愛，方便隨時聽取的模式，也就是以一首歌曲為單位的消費習慣。加上經紀公司基於現實環境與預算，無法讓歌手藝人同時宣傳多首歌曲的考量之下，除了主打歌外幾乎沒有能見度。因此，歌迷的需求（needs）與經紀公司的需求結合之下，讓音源市場朝向「單曲」的經營模式。

音源市場中，採行下載一首歌之費用為七○○韓圜的消費模式，雖然有其盛行的理由，但是其訂價是源自於CD的販賣價格，也就是一張CD的平均價格是一萬韓圜，一般都會收錄十

23 引用自韓國內容振興院（2013），世界音樂市場規模與展望（2009-2018）。

首歌曲，所以一首歌是一千韓圜，然而實際CD發行時會有物流流通的費用以及庫存壓力，但是數位音源的特性是不需要擔心這些問題，因而定價略低亦可以獲得收益之故。從最初的一千韓圜，甚或是三百、五百韓圜，到二〇一七年似乎是確認一首歌的單價是七百韓圜（相對美國的 iTunes 每首歌收費一．二九美金，約一四〇〇韓圜）。

從下載到串流

由於通訊技術的發達，如今以無線的方式下載一部八百MB大小的電影，也僅需二十二秒，音樂檔案MP3的大小頂多20MB，只要〇．五秒的時間就可以下載完成。再者，個人也可以選擇不儲存於個人的手機裡，透過線上音樂網站的串流方式即時聽到個人想要聽的歌曲。現今社會是用通訊網絡連結起的時代，不論個人在哪裡，個人可以以每個月付費八千韓圜的代價，無限地聽個人想聽的音樂。

當然這是建立在每個月付費八千韓圜的前提之下，但是享受音樂吃到飽功能，這是過往所無法想像的事。假設一生聽音樂的時間約六十年，而個人只需要付出八千韓圜×十二個月×六十年＝五七六萬韓圜，就能夠隨時隨地的無限聽取數百到數千首的歌曲。

進一步假設，如果用五七六萬韓圜買CD的話，又能聽到幾首歌呢？以一首歌一千韓圜為基準，可以聽五七六〇首歌曲，而五七六〇首歌曲其實算多的，等於個人持有五七六張CD，個人的房間會充滿各式各樣曲風的音樂CD，可以被視為音樂愛好者。然而，就會被限縮在無法聽上述條件以外的歌曲，不論是路上行走時無意間聽到的、電視看一半無意看到的、偶然聽到廣播等等都不行，因為，五七六萬韓圜的預算已然使用完畢。

當然，會有人反駁說，「我又不常聽音樂，而且我一生聽的歌曲不會超過五七六〇首」，這個說法，又帶出另一個重點，就是「無論何時何地」的這個條件。買了CD的話，就要常常帶著CD，就算將CD內的歌曲轉成MP3檔案，也需要耗費時間轉檔。

串流的出現，某種程度上打敗下載音樂所擁有的費用越貴、下載歌曲越多的優點，成為市場主流。從消費者立場而言，是個更便宜、更方便聽音樂的方式，使得串流取代下載成為趨勢。然而，就權利人立場而言，在降低非法下載，讓市場回歸合法下載使用音樂之前，讓較便宜的串流取代原有的市場模式，反而對於音樂市場會造成傷害，因而合理的串流音樂收費標準與利潤分配就是現今我們該重視的部分。

依據IFP發表資料[24]看全世界從下載到串流的趨勢：

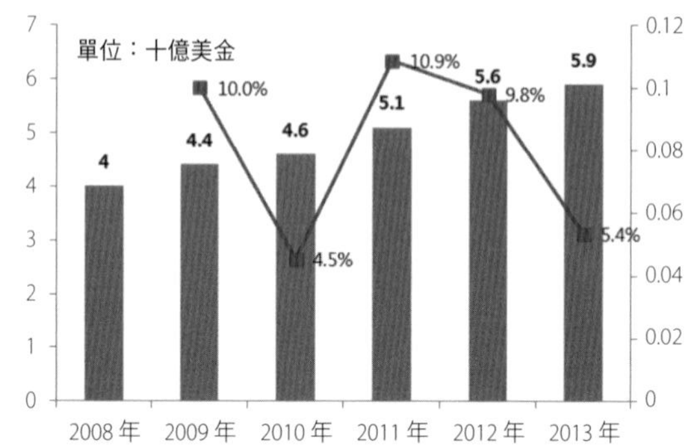

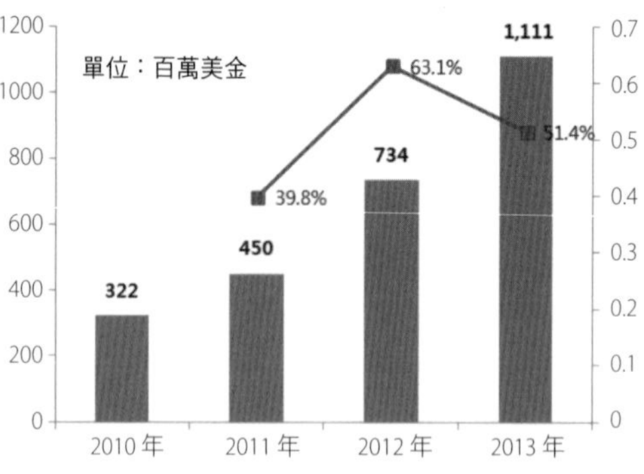

圖 2-5 全球串流音樂市場規模暨成長率

以二〇一三年為基準，全球的數位音樂市場規模比起前一年度增加了5.4%，大約為五十九億美金，但是最具代表性的下載服務iTunes在二〇一四年卻下滑了13～14%[25]。反觀，收費音樂串流服務的二〇一三年市場規模，相較前一年度成長了51%，約十一億二〇〇萬美金。而蘋果也察覺出市場的變化，於二〇一四年五月收購串流服務 beats music（http://www.beatsmusic.com），準備進軍音樂串流市場。

｜4｜音樂市場的特徵

首先，音樂市場是票房導向的產業，發行十張專輯，並不代表十張專輯都可以成功大賣，通常成功的可能只有其中兩三張專輯。而所謂成功，是指賺回超過成本的金額，最少也要投資的費用可以回收，並且有純利潤的情況。而這正是音樂市場重要的基本要件，若無視這個基本要件，商業音樂是不可能會成功的。所有的投資者與企業都努力追求百分之百的成功，但是音樂產業卻不像電腦或是汽車一樣，只要有卓越的技術與設計、便宜的造價就能夠成功。音樂產業涉及主觀意識影響，可說是沒有固定標準的內容產業，因而無法有一定標準，一切取決於大眾喜好厭惡，而大眾的喜愛沒有一定標準，可能一瞬間就改變，我們只能盡全力去符合大眾的

24〈CT議題分析韓國內容振興院〉，《IFP二〇一四年七月刊》。（http://www.ifpi.org/content/library/dmr2011.pdf）

25 引用 Caitlin McGarry, “Apple’s slipping iTunes sales prove streaming is the future. Macworld.” (2014.10.24)（http://www.macworld.com/article/2838913/apple-s-slipping- itunes-sales-prove-streaming-is-the-future.html）「音樂串流服務，讓 iTunes 陷入危機」。

需求。當然，有許多增加機率的方式，只是誰也無法擔保能夠百分之百成功。因而，音樂市場需要大規模投資於多項不同的專案，從中選擇成功率高的專案。只是，在現有市場中的歌手藝人或企業、企業家多半都會期待百分之百的成功，無法容忍失敗，而這一想法是商業音樂最不需要的態度，因為，失敗也可以是另一個成功的最佳踏板，屬於有價值的投資項目之一。

第二，先進國家型的產業。國民所得增加，會讓國民進一步追求生活品質，購買音樂、觀看表演的比例就會增加。也就是韓國的所得增加會帶動更多樣的發展，進而將韓國的音樂推廣、販賣至先進國家也是一種利得。當然，先進國家中，已經有頗具規模且競爭力十足的音樂市場，要如何越過國境，將帶有文化渲染意味的音樂傳遞出去，也是韓國K-POP市場所要努力的方向。

第三，提升智慧經濟產業的附加價值。韓國沒有天然資源，因而必須更集中於智慧經濟產業的發展，而音樂在特性上比其他內容更容易傳遞、走進海外市場，又容易與汽車、生活用品結合，更具渲染效果。

5 整理歸納

〈理解商業音樂用語〉

(1)商業音樂：以歌手藝人為中心、製作、物流、服務、販賣大眾音樂活動所產生之利潤之分配。

(2)著作權人：意指作詞人、作曲人、編曲人，也就是製作音樂這項著作物，且擁有其權利之人。

(3)歌手藝人：演唱、演奏大眾音樂之人，包含歌手、舞蹈、創作歌手、樂團。

(4)經紀公司（製作公司、所屬公司、label）：與歌手藝人簽約，製作音樂專輯交由物流公司之公司。管理歌手藝人的公演、電視、廣播等行程，或代替歌手藝人安排行程之經紀人業務。

(5)物流流通公司（唱片公司、配送公司）：唱片、音源傳送、配送之公司。

(6)服務公司（音樂網站、P.O.C（Point Of Contact）、音源公司）：從物流公司收到音源並提供給消費端歌迷的公司。

(7)專輯（唱片＋音源）：包含唱片與音源。

(8)K-POP：Korean與流行音樂（popular music）的合成語，泛指韓國大眾音樂。

〈韓國音樂市場規模〉

依據二〇一四年基準，K-POP商業音樂市場規模推測（唱片、音源、公演之消費者總消費額、練歌房著作權費用徵收之金額為基準）：

唱片市場九五〇億韓圜

音源市場四二〇七億韓圜

公演市場二四五〇億韓圜

練歌房著作權市場三四八億韓圜

合計：商業音樂規模七九五五億韓圜（約八千億韓圜）

〈世界音樂市場規模〉

全球第一名的美國市場約一百五十億美金，韓國約八億美金，相差十九倍以上。第二名的日本市場約四十八億美金，是韓國的六倍以上。而中國正以年平均8.6%的成長率急速成長中，預估二〇一五年即可能超越韓國的音樂市場。

〈音樂市場的變化〉

⑴從唱片到音源：

專輯製作不再限定於需要放十首歌曲的唱片（CD），以「數位單曲」的型態，每回發行一、兩首的方式，亦可以集結發行過之數位單曲為一張完整專輯的方式進行。

(2)從下載到串連：

串流以較低廉的價格可以聽更多首歌曲的方式，強佔了主流的市場。從消費者的立場而言，能夠更方便、更便宜取得聽音樂的管道。但是對於權利人而言，串流的價錢過於便宜，亟需思索合理的串流價位與利潤分配的時機。

〈音樂市場的特徵〉

(1)票房產業：

十張專輯之中，能成功的大約兩三張。多項專案中，成功的專案要能夠填補其他損失的情況，代表這是亟需龐大資本的產業。而失敗也可以是另一個成功的最佳踏板，屬於有價值的投資項目之一。

(2)先進國家型產業：

所得增加帶動國民的消費增加，願意花費所得於音樂、公演等活動，也證明往先進國家之列的產業類別。

(3)智慧經濟型產業：

附加價值高，是缺乏天然資源的韓國需要極力投入的產業。音樂在特性上又比其他內容產業容易打入海外市場，又可以與汽車、生活用品結合，產生極大的渲染宣傳效果。

本章為理解K-POP商業音樂，說明常用之用語以及基本概念，並透過二〇一四年為基準之現今音樂市場規模，思索往後發展的可能性、音樂市場的變化與習性，期望透過探討K-POP商業音樂的細部內容，為未來市場做準備。

下一章會介紹音樂是如何透過作詞、作曲人、編曲人誕生，以及如何變成流行商業音樂的過程。

03 歌曲的誕生

作詞、作曲、編曲

真實的音樂來自於真實的音樂人。

——遠景俱樂部（電影《樂士浮生錄》）

（Buena Vista Social Club）

1 作詞、作曲、編曲的意義

本書第一章，我們提及作曲是創作旋律，說這是商業音樂最重要的起點、最重要的要素，是沒有人會反對的。音樂的開始就是作曲，而我們稱呼作曲的人為作曲人。如同作詞人柳海準說的「作曲就像寫一封信[1]」一樣，作曲是一件渾然天成的事情，就像我們幼年時從子音、母音開始學習每個文字，進而學習語彙、文法，累積成文字，寫出自己的想法與情感。而音樂作曲就像學習寫字一樣，從基本的音樂符號、旋律、拍子、合音開始，到完成一首新的曲子。然而，作曲當然不是一瞬間就可以完成的事情，可說是需要依賴情感的一項工作，也可以說是一件不簡單的事情。

將作曲人完成的曲子譜上歌詞的人，我們稱為作詞人。但程序上並非要先有曲之後才能作詞，也可先完成詞，再依據歌詞填曲，不過一般來說，先有曲才有詞的情況比較常見。近年來，作曲人完成歌曲，尋找不同作詞人填寫歌詞，再進行選擇的情況亦不少見，多數人都有的誤解是，以為作曲需要數年的音樂教育，亦要熟悉樂器，而作詞則不需要特別教育課程，只要會寫字即可，但其實作詞與作曲同樣困難，要符合旋律填上適當的歌詞，需要自小接受文字（作文）教育，並非不用任何教育即可做到的工作。因而作曲與作詞兩者同等重要，而實際上在市場上兩者同樣受到認可，只要沒有特殊情況，作曲與作詞可以拿到相同比率的收益分配。

作曲人創作出前所未有的新的旋律，編曲人依據該旋律為基準，透過不同樂器調整曲子，完成我們所聽到的音樂，因而編曲人亦是重要的著作權人之一。

編曲就像骨頭上的肉一樣，如果歌手藝人演唱的旋律稱作曲的話，則利用旋律重新透過鋼琴、吉他、鼓調配的曲子就是編曲。

2　成為著作人[2]的途徑

成為作者的途徑大致可分成三類：

第一，在現有著作人之下，以「師徒制」的方式學習。這種學習方式由來已久，能夠完整學習到老師的專業知識為其優點。因為老師身處產業活動中心，能夠確實掌握流行，因而向老師學習，不僅可累積產業知識，也能夠第一時間獲得老師的指導與回饋，更能夠快速走出自己的舞台。特別是昨天完成的音樂，過幾天就會出現在音樂網站，此方式正提供意圖從事這個事業的人很大的動力。音樂網站的留言與網路上關於該音樂之歌迷的回饋反應，也都是著作人願意熬夜完成音樂的原動力。當然，師徒制也是有其缺點存在，老師的主觀意識影響極大，或者

1 柳海準（2014.05.13），作曲人柳海準的音樂論壇。（韓國新聞協會 http://www.kpa.so/sub_read.html?uid=1417）

2 作曲人、作詞人、編曲人，在權利的前提下稱為著作權人，但在創作物跟作品的前提下稱為著作人。

是在與老師風格不同的情況下可能產生不好的後果。比如未達老師的標準前，需要耗費更多準備時間，若不符合老師的標準，但其實已經具備出師條件者，也會有無法發表其作品的危險情況出現。另外，亦可能出現學生本人想追求的音樂與老師不同等等的問題。

第二，音樂學校或是補習班教育。近年來，出現許多音樂教育的專業機關，其教育水準也日益增進，不僅有理論教育課程，更有實際在音樂市場從業的人員直接提供實際音樂教育課程，畢業（結業）後即可直接從事相關音樂工作。從長期的觀點來看，透過專業機關提供的多樣化教育課程，能夠吸取不同程度的音樂養分，對於音樂發展有良好的助益，同時可接觸不同領域的前後輩，透過與前後輩的交流獲得不同程度的展現機會。而缺點是師生比過大、無法有個別的指導教學時間，也無法百分之一百保證畢業之後即可獲得登場的機會。這其實與其他教育機關的問題點雷同，就像經濟系學生畢業之後，即便能考取多樣證照，也無法保證一定可以找到工作一樣。

尤其是有名的著作人往往能夠承接到許多案件，但是沒名氣的著作人卻連一首歌可能都賣不出去。既存的著作人都會有如此熾熱的競爭關係了，更何況是尚未出道、還未獲得市場承認的著作人，更難以讓歌手藝人有意願選擇演唱其創作之歌曲。

第三，著作人本身就是歌手藝人，直接演唱自己創作的歌曲。這是最直接成為作者的方式，近年來歌手藝人演唱作者的歌曲時，會有情感上的侷限性，而為表現自我情感，直接參與作曲、作詞、編劇的情況亦為常見。

3 成為著作人的實戰要領

上述的三種方式之外，還會有些例外的途徑，當周圍的朋友詢問起子女選擇這條路的相關問題時，我通常都會提供下述的建議。畢竟，要一夕之間成為音樂著作人是不可能的，必須透過這幾個方式學習，才可能有機會找上門。

學習樂器

推薦學習鋼琴與吉他，這兩種與其他樂器不同，是可以獨自完成和聲的樂器，可以有效率的完成自己想要的音樂。不論是夢想成為作曲人、編曲人抑或是作詞人的人一定要學習樂器。作詞人雖然不需要會樂器，但是如果會的話，就能夠理解作曲人並找出共同點相互溝通。

教育課程

在名師門下學習的方式不錯，但現實上還是有些許制約。如果運氣好，掌握機會就可以透過老師的指導獲得良好的發展機會。但是，尋求機會的話，還是推薦先找尋補習班教育。過往與小提琴、大提琴等單純音樂課程相比，大眾音樂的教育課程費用較高，然而最近由於音樂補習班之間的競爭十分激烈之故，相關的課程費用也比往昔便宜許多。確定自己想走的路之前，使用較少的費用來確認自己的想法，是必要的過程之一。再者，除了合音學等相關理論之外，

也需要學習製作音樂所需要的軟體，方可獨自完成音樂創作。

把握機會

透過教育課程，會有許多交流、發表的機會，可以獲取不同的回饋意見，與錄音室相關人員、經紀公司人員、音樂公司的前輩及後輩，都可就這行業的現況進行交流以及累積人脈，對於自己創作的曲目也會有不同程度的獲益，雖然實際執行面上可能並不如想像中的美好，會有重重阻礙。他人不經意的聽到自己的歌曲之後，當作是自己的作品發表的案例層出不窮，因此自己的作品不要輕易交給他人，就算交由信任的音樂相關人員也需要持續追蹤，藉以不斷累積自己的實力，是想成為著作人最重要的起步。當然，成功之後需要報答協助自己的人，對於有實力的後輩也要提供必要的協助。

在這條道路上，誰也無法保證自己的音樂何時能夠獲得大眾的喜愛認同，運氣好的話，一出道馬上就能成功，但是大部分的著作人都是需要耐心與時間等待，方能夠站上成功的舞台。需要有覺悟這不是一條簡單的路，要有不放棄、認真的走音樂路的決心。

著作人共同合作

近來在作曲這條路上，集合群體力量一同合作的情況亦為常見，一般來說，主力作曲人之下，會有幾位助理作曲人一同發揮實力、共同創作的情況。採用群體力量進行歌曲創作，有許多優點，使用同一工作空間的話，不僅可以節省辦公室費用，還可以集中作曲的效率。主力作曲人的作曲實力具一定的市場魅力，因而會有許多找上門的機會，也有利於學習到依據歌手藝人特色創作曲目的能力。歌手藝人製作專輯的時候，能有與許多著作人同時合作的機會，也能夠在特定時間內完成一首水準極高的作品，這絕不會是一個人可以輕而易舉獨自完成的事情。

在作詞、作曲共同製作的情況下，需要確認參與歌曲創作的範圍，不可單方面的任意變更創作物，皆需在雙方合意下進行為原則。擁有卓越能力的作曲人，不見得非要透過樂譜或是音樂軟體記錄歌曲或是旋律，僅需錄製旋律或歌曲之後交由編曲人，而這並不代表作曲人沒有實力或是喪失權威，反而能夠激發創意，創造出更卓越的歌曲。然而目前趨勢是作曲人同時兼作編曲，這是因為現於錄音完成之前，總是會進行多次的修正與變更之故，在不改變歌曲的意義與風格（曲風）的前提下，理解作曲當下的思考點以及回想當初作曲的本意，進行修正與編曲，這是作曲兼編曲的優點之一。

4 透過過往當紅歌曲學習

學習作曲最好的方法，無疑就是從目前為止當紅的歌曲中，找出與自己風格最相似的歌曲，進行分析與學習。而作詞與編曲也是同樣的情況，作詞人找出過往流行歌曲，分析歌詞內容，嘗試寫出不同的歌詞並哼唱看看，亦是培養實力的方式之一。編曲人要分析近年來流行的

復古流行歌曲，可以參考選秀節目或是翻唱的專輯，找出自己的風格，嘗試製作與比較。下列幾點就是《商業音樂指南》（Music Business Handbook）[3]整理的當紅曲目的特性，仔細推敲其深植人心的意義，不論是東洋、西洋的歌曲，都是作者認真完成每項必備作業，才能夠成就一首人氣歌曲。

1. 撼動內心記憶，緊抓住聽音樂的人的心，會讓人想起深藏在記憶中的事情。
2. 聽的那一瞬間獲得感動。
3. 歌詞具有想像力，深植心中。例如：「你的美麗讓我深深為你吸引」的歌詞就比不過「就這樣我沉入你的指尖」歌詞的想像空間。
4. 曲調具有起承轉合的架構。
5. 歌詞或音樂沒有脫離歌曲想要表達的意境。
6. 具有神祕的要素與魅力，讓我們的靈魂在不知不覺之中充滿力量。

5 耐心等待機會

有名的著作人的工作機會隨時會有，因為沒有多餘時間，偶爾也需要拒絕許多找上門的邀約。但是尚未出名的著作人苦無表現的機會，只能等待知音出現。要讓自己像祈求老天下雨的印第安納族長，準確地向上天獻上祈雨祭典一樣。著作人也需要像準備祈雨祭一樣，事事皆需完美準備。當然，這並不代表得強迫沒有才能，寫不出具有魅力的歌曲的人繼續寫作品，而是要人深思除了接受指導，也要懂得自己的底線。而當決定走著作人這條路時，就需要有無比的耐心與付出。為了出眾表現，願意花上幾天幾夜的時間，甚或是幾個月幾年的試煉，才可能成就自己的夢想。當然也有天才作曲者能夠在幾分鐘之內完成一首人氣歌曲，但是不要只看表面就認定，因為能夠在短時間內寫出人氣歌曲的創作者，他的人生也一定經過許多的磨練。

6　賣出歌曲是最辛苦卻最重要的事

最基本的是創作人的曲目能夠讓歌手藝人買下並演唱，這裡所謂的「買」，不是指「著作人收錢賣出歌曲相關權利給予他人」，而是「著作人的歌曲被選中，讓歌手藝人透過演唱發行」而言。一般來說，除了有名的作曲、作詞人之外，是無法收取歌曲費用的，因為歌曲一旦被使用，都會有著作權相關的利益分配的緣故。當然，編曲人在完成每首曲子時，會收受相當費用以及部分著作權費用，但是收取的著作權費用較作曲人、作詞人低，詳細的內容，我們會於後續著作權的章節探討。尚未出道，或是未成名的著作人的作品，通常都希望有人能夠使用自己

3 譯註：作者為 Baskerville, David/ Baskerville, Tim，目前沒有中文版，可參考 http://www.books.com.tw/products/F013603825

的作品，甚至於會花錢讓自己的歌曲有曝光的機會，每一位著作人都希望能夠藉由賣出一首歌，讓大眾喜愛並期望能夠持續受到大眾的愛戴。

如同前述，如何宣傳自己的歌曲是重要的環節之一，尚未發表的歌曲任意交給這個人或是那個人，就像是偷竊事件頻傳的觀光區域一樣，將錢包放在桌上去洗手間，不一會兒的工夫就會不見一樣的危險。交給信任的人或是社群網絡是需要時間的，而這裡要注意的是，比起廣大的人脈，小卻有用的人脈才是重點。把自己的曲子交給一個只知道名字的人，或是透過介紹只見過一兩次面的人，是難以期待會有好的結果。

一般而言，人際關係就像個圓一樣，若是由音樂市場具有影響力的人介紹的話，比起其他人而言會更有成功的機率，然而具有影響力的人物，通常也能夠影響其周邊的人。而個人的實力在這個環節下往往是最重要的關鍵，同時，能否以積極的姿態去爭取曝光機會，也會影響著成敗。

讓自己的音樂被發現，而且賣出自己的音樂，但卻不能隨意把作品交給任何人。只是這樣也不行、那樣也不行的困境中，其實也不只著作人有，歌手藝人也有同樣的困境。畢竟音樂著作人普遍都沉浸於創作，難以期待他們有親切感與良好社交能力。因此，著作人亦需要有「代替履行販賣的人」，也就是「決定販賣的價錢與分配利益之人」的存在。

7 音樂出版（publishing）

經由前述，我們可以得知，不論曲目多好，沒有歌手藝人或是經紀公司使用的話，等於沒有用。一般共同作業或是團體作業的時候，會讓具有社交能力的一員負責銷售，但是活動的範圍依然有限。若能將作品開發與業務機能分開，讓作品發想者專心開發，業務專心負責業務的話，不是更好嗎？

因而，連結創作音樂之人與使用音樂之歌手藝人的音樂出版者（music publisher）因應而生。十八世紀作曲者將樂譜交由音樂出版者，由音樂出版者複製提供需求開始，音樂出版者將販賣樂譜的收入扣除手續費用後之剩餘費用交給作曲人，一般而言，音樂出版者手續費用50％，著作權利人50％對半的分配方式為慣例。作曲人就能夠集中在音樂創作，而音樂出版者可以賺取手續費，是雙贏的局面，就像一般品出版一樣，在唱片或是CD等媒介登場之前，音樂市場唯一的傳播途徑，稱為音樂出版者。如今也沿用音樂出版者一詞，但是音樂出版者對於現代化的商業音樂也是做著如同複製、販賣樂譜一樣的業務為主。在歐美，管理音樂的企業會先成立音樂出版單位，透過唱片、電影、電視演出等等媒介先曝光，過往的音樂出版單位，如今則是商業音樂的中心。

8 音樂出版者的業務

1.發掘新人著作人（創作者）與簽約
2.使用所屬著作人（創作者）之作品以及找尋唱片製作人、歌手藝人
3.推廣廣告、電視節目、電影可以使用的歌曲
4.協定使用作品許可之使用費用
5.活用國內外翻唱專輯[4]、合輯[5]之行銷
6.代行著作人之各種行政業務與分配著作權收益

作詞人與作曲人，會與音樂出版者簽讓與契約讓渡期音樂權利，而音樂出版者則將該曲之一部分或全部之權利販賣給經紀公司，同時也可販賣給廣告、電影作為插曲。音樂出版者就是連結創作音樂的著作權利人，與選擇並使用音樂的歌手藝人、經紀公司的重要角色，雖然如今，音樂出版者的角色已漸漸式微。

在美國，過去音樂出版者的存在，使許多有名的著作人擁有絕對的影響力，因為不論是多麼當紅的歌手藝人，只要無法唱到有名著作人（創作者）的歌曲，就無法持續其知名度，而作為橋樑的音樂出版者擔當此一決定性關鍵角色。但現今社會，許多歌手藝人可能會自行譜曲，抑或是直接委託著作人（創作者）寫音樂。

而韓國與國外做法不同，韓國的著作人會將著作權（著作財產權）委託給集管團體也就是韓國音樂著作權協會[6]（KOMCA），而音樂出版者會與韓國音樂著作權協會簽訂「推廣使用契約」，因而相對限縮了音樂出版者的角色功能。

著作人則是消極的面對與音樂出版者簽約，因為音樂出版者的手續費對比收益並不多的緣故。考慮到音樂出版者收取的手續費為50％[7]的前提下，著作人會認為給音樂出版者手續費是浪費。

因此，韓國的著作人在韓國境內活動時，都不會與音樂出版者簽約，而海外活動時，會選擇與海外的音樂出版者簽約，一方面是因為在海外必須透過音樂出版者才有保障，一方面是因為著作物使用衍生的費用分配也須透過音樂出版者的緣故。韓國音樂著作權協會雖與幾個國家有簽訂互惠管理條約，可以依據條約收取著作權利費用，但是積極的著作人會透過與音樂出版者的契約，來管理保障自身可獲得之權利。目前世界知名的音樂出版社有華納—查普爾（Warner-Chappell）、環球（Universal）、索尼・ATV、富士太平洋（Fujipacific）等等。

4 翻唱專輯（Cover Album）：原曲重新錄製重唱，或是讓尚未成名的歌手重唱原曲歌手原專輯內的幾首歌曲之專輯。

5 合輯（Compilation Album）：決定特定主題，收錄不同歌手藝人的歌曲之專輯。

6 譯註：한국음악저작권협회（KOMCA）www.komca.or.kr。

7 有名的著作人可能只會收取10％左右的手續費，因為有名的緣故，音樂出版者不需要費太多心力就可以賣出歌曲。

音樂出版者之外，商業音樂領域中，亦有專門負責海外，並與海外音樂出版者共事的情況，大部分是接受海外流行音樂版權詢問之業務。例如，想將披頭四樂團的音樂用在廣告中，或是想將皇后樂團歌曲改編，使用在選秀節目並於網路使用的許可等等。而海外的音樂著作權費用較高，所以會有較多限制條件，因而要使用於廣告或是電影插曲時會需要較多的預算費用，因而會增加電影或是廣告的製作費用，有名的歌手藝人甚至於會高達一億韓圜以上的著作權利費用。另外，選秀節目的參與者演唱的海外流行音樂，雖然可以在電視節目中觀賞，線上音樂服務網站卻會顯示「依據音樂權利人的要求無法提供線上音樂服務」的文句，也是基於這項因素。

—9— 音樂使用契約

積極辛苦地讓歌曲曝光，終於有經紀公司聯繫要使用音樂時，對於著作人來說，好似是夢想完成的第一步，如果歌曲可以如願的走進這個世界，變成人氣音樂的話，這段時間所有的汗水與辛苦的等待就沒有白費。但是不論是作詞人或是作曲人於販賣歌曲時都沒有簽訂契約，一般來說，經紀公司的A&R或是相關負責人都是收集著作人的歌曲，讓歌手藝人在眾多歌曲中選擇適合的曲子，但是這種情況下亦需經歷與其他歌曲競爭的程序，因而不能在這一刻鬆懈。如果最終沒有被選中，則需要再次努力的讓其他歌手藝人挑選，留戀在其中一位歌手藝人沒有用，事實上能夠寫出動人心弦的音樂人很多，必須耐心等待賞識這首歌真正的主人出現。

那麼，沒有簽約的情況下，如果該歌曲被選中時，不會擔心會發生什麼問題嗎？事實上不會有這種事情發生，對於著作人而言，他創作的歌曲就像自己的孩子一樣，不會搞混自己的孩子在哪裡。但是，為了避免溝通出問題，所以自己的歌曲出售的過程亦需要持續確認相關權益，即使沒有順利賣出，也可表明願意提供其他歌手藝人選擇的意願。

如果作詞、作曲人很有名，會收取曲目費用，但是通常都不會收取任何費用。相對的，編曲人是會於編曲作業開始前收取簽約金額之50%的費用，編曲完成之後再收取剩下的費用，與作詞人、作曲人相同，沒有訂立編曲契約書，而是由費用契約取代之。

|10|音樂著作權協會（KOMCA, Korea Music Copyright Association）登錄作品

著作人身為著作權利人發表本人之作品時，可於音樂著作權協會之線上作業系統或是親自到協會登記為本人之著作物。一般專輯發行前，會於音樂著作權協會登記，如果著作權利人尚未登入為協會之會員，也可以依據下圖所示簽訂委託契約，親自或郵寄至協會。

二〇一四年九月十五日起，韓國文化體育觀光部[8]於既存音樂著作權相關之韓國音樂著作權協會之外，又許可設立了「一起行動的音樂著作人協會[9]」的集管團體。但是大部分的著作權人都已加入韓國音樂著作權協會，因而音樂著作權的買賣多半都是透過韓國音樂著作權協會，本書就以韓國音樂著作權協會為基準說明。

—11—整理歸納

1. 著作人定義

作曲人：音樂的創始，創作符合歌曲主題的旋律線之人。

作詞人：作曲人完成的曲，填上歌詞之人。也有先有歌詞再譜曲的情況，但是多半都是先有曲才有詞。

韓國音樂著作權協會　協會介紹　檢索著作物　資訊廣場　資料室　信託會員　交易會員

신탁자회원

信託會員
信託著作物現況
著作物登記
海外利用申請書
即時利用現況
給付內容書
證明書核發
給付賬號變更
信託留言板

HOME > 신탁자회원 > 신탁계약안내

信託契約說明

說明與協會締約之申請資格分類、需具備資料、申請費用。

申請資格分類　需具備資料與申請費用

需具備資料與申請費用

著作人　承繼會員　受讓會員　音樂出版社　業務上之著作物著作人

著作人

具備資料（必備）
填寫注意事項（下載）
① 著作人證明資料（公布之音樂、筆記）
② 半身照片兩張（申請書一張、履歷書一張）
③ 身分證件
④ 存摺影本一分
（限定國民、我們、農協、外換、新韓、中小企業、郵局）
採用外國帳號申請時，須檢附外國帳號確認文書
採用外國帳號申請時，須檢附外國帳號登記申請書一分（下載）
⑤ 著作權信託契約與入會申請書一分（下載）
⑥ 信託人簡介一分（下載）
⑦ 信託契約同意書兩分（下載）
⑧ 作品申報書（下載）
⑨ 藝名登記申請與確認書（視申請人需求）（下載）
⑩ 個資同意書（下載）

圖 3-1 韓國音樂著作權協會委託契約說明

編曲人：以作曲人創作的旋律為基準，結合各種樂器完成一首音樂之人。

2.成為著作人的途徑

(1)「師徒」制度。

(2)教育、音樂學校、補習班。

(3)著作人為歌手藝人並演唱自己的創作歌曲。

3.成為著作人的實際要領

(1)學習樂器。

(2)學習相關教育課程。

(3)掌握，成立製造自己的社群網絡。

(4)集結著作人為一團體，共同創作以提升效率。

4.透過過往流行歌曲學習

最好的老師，就是到目前為止的流行音樂中擇取喜愛的風格之曲目，分析並認真研讀。

8 譯註：문화체육관광부 www.mcst.go.kr。

9 譯註：함께하는음악저작인협회 www.koscap.or.kr。

5. 耐心等待機會

如果下定決心要成為著作人，則需要耐心與努力的時間，短期內想要透過音樂成功是不可能的，融合自身生活的喜怒哀樂所創作的曲目需要時間累積。

6. 最辛苦也最重要的是賣出歌曲

為了將自身辛苦的著作交由值得信賴之人脈或社交網絡，必須耐心花費時間去經營，也是宣傳、販賣之必要之路。

7. 音樂出版（publishing）

音樂出版者是為連結創作歌曲之著作人與使用歌曲之經紀公司、歌手藝人。著作人可以全心集中於創作、音樂出版者亦可收取手續費用的兩方各得其利的互惠做法。十八世紀的音樂出版者就是以樂譜複製、販賣之型態登場。

8. 音樂出版者的業務

作詞者與作曲者會與音樂出版者簽讓渡契約讓渡期音樂權利，而音樂出版者則將該曲販賣給經紀公司，亦可販賣給廣告、電影作為插曲。而目前全球的音樂出版者處於式微階段，轉向以歌手藝人為中心的市場。

特別是韓國與國外做法不同，韓國的著作人會將著作權（著作財產權）委託給集管團體韓國音樂著作權協會，而音樂出版者會與韓國音樂著作權協會簽訂「推廣使用契約」，因而讓音樂出版者的角色限縮不少。

9. 音樂使用契約

一般來說，經紀公司的A&R負責人或是相關人士都會收集作曲家的音樂，讓歌手藝人選擇適合的歌曲，而這個過程通常以沒有簽約的情況居多。最後歌曲被選中之後，會進入追加修正音樂作業，因此需要有具體的對應對策。

10. 音樂著作權協會登錄作品

著作人可將本人之作品登錄於音樂著作權協會。

近來有父母表示，與其將小孩培養成藝人，倒不如培養孩子成為作詞、作曲或是編曲之著作權利人。特別是當著作權利人一年可以有十億韓圜收入的新聞出刊之後，有這樣想法的父母就更多。但是這可能是真實、亦可能是謊言。下一章我們就來探討著作權人是如何有收益以及真的可以源源不斷地有收入這件事情。

04 著作權

音樂產業的根源

音樂的絕妙之處就是，當它打動你心時，你就不會感到痛楚。

——巴布・馬利

（Bob Marley）

1 著作權的基本概念

依據前幾個章節所述，本書定義之商業音樂為歌手藝人與歌迷之間因音樂而產生聯繫、因音樂而產生之對價關係與其利益分配之事。接下來，要進入討論製作音樂的著作權人與歌手藝人之間的連結關係以及其利益分配的方式，而在此之前必須先理解著作權，因為著作權是利益分配的基準，而商業音樂最基本的基礎就是著作權。讓我們從基本概念開始談起。

先從著作權的幾個概念開始檢視：

著作物、著作人、著作權、著作權人

將人類的思考、情感以獨創方式表現之創作物，我們稱為著作物。著作物包含小說、詩、音樂、演劇、戲劇、雕像、照片、影片等不同類型。

製作或創作這些著作物的人，我們稱為著作人，除了個人之外，業務上的著作物之著作人也可能是法人或是團體。

保護著作人名譽、人格權、經濟利益（財產權）之權利稱為著作權，而擁有著作權之人，稱為著作權人。

一般而言，著作物之著作人當然享有著作權，然而著作人死亡後其權利由其繼承人或是指定受讓之權利人享有，因而會產生著作人與著作權人不同之情況。例如，A作曲人創作了〈真的很愛你〉一曲，該曲的著作人是A、著作權人也是A。若A死亡後，該歌曲〈我真的很愛你〉的權利自動為其繼承人B取得，則該曲之著作人是A、著作權人則為B。也就是在商業層面是注重該曲的權利在誰身上、而不是在誰創作該曲，因而會出現身為著作人卻不是著作權人的情況，因而在商業音樂定義中之著作權人一詞比著作人一詞更常使用。

著作權的發生與消亡

那麼，著作權是什麼時候發生的呢？著作權是在著作物創作的當下就自動取得[1]。也就是作曲人在完成〈真的很愛你〉一曲的瞬間，就自動成為該著作物的著作人，同時也是著作權人。不像專利或是實用新案（新型設計）、商標等等，若沒有向專利廳（專利機關）提出申請登記，則其權利不會自動被認可。這也是產業財產（智慧財產權）與著作權不同之處，著作權於作曲人創作出音樂的瞬間就自動產生權利。換句話說，他人不得在未經著作權人同意前任意使用，違反時著作權人可以提出損害賠償之請求。

因著作物而產生的著作權，在著作人死後七十年內亦受到保護，共同著作的情況則是最後一位著作人死後七十年內受到保護。因此，如果創作出一首人氣歌曲，比年金更能夠長久的庇佑後代子孫。電影《非關男孩》（*About a Boy*）的男主角就是繼承了父親的〈耶誕老人的超級

1 譯註：本文為韓國著作權法之規定，台灣亦相同在創作完成的當下即取得著作權。

雪橇〉一曲的權利，也就是〈耶誕老人的超級雪橇〉這首歌的著作人是父親，而兒子也就是男主角因為繼承而成為著作權人。每年到了聖誕節期間，男主角就能收到大筆的權利費用，因而可以過著不用工作就可以吃好用好的生活。僅憑一首歌曲，就能夠在聖誕節期間產生如此可觀之收入，並在全世界始終維持高人氣。那麼我們創作每首歌都必須要卓越出眾嗎？不只要有卓越的才能，還需要有不斷的努力以及良好的運氣才有可能成真，而關於這個部分，我們會在往後的篇章裡仔細說明。

音樂著作物使用許可

使用著作權人之音樂著作物，須事先獲得著作權人許可。雖然有時也會有著作權人願意提供免費使用之情況，但是較少見。或是雖然可以免費使用，但是不允許商業使用或是二次著作[2]的情況，因而會有視情況限縮使用的可能性。此外，眾所周知，大部分音樂著作物都會透過下列三種方法，擇一進行許可申請。

(1)與著作權人直接協議

直接與著作權人聯繫取得許可是最快速的方法，然而我們無法認識所有創作音樂的人，事實上，就算聯繫上了，也不容易達成協議。站在著作權人的立場來說，對於他人使用自己的音樂一事是感激的，但是每當有新的服務類型產生時，對於一件件的許可申請是否該許可其使用，就不是一件容易決定的事情。而針對電影、廣告、選舉宣傳時使用的音樂，因其渲染性高，因而需要認真一一確認其使用用途與內容，通常也只有這樣的情況會使用與著作權人直接協議的方式。

(2) 音樂著作權協會使用許可

音樂之著作權人對於「聽音樂」之基本音樂使用之目的的類型時，會授權音樂著作權協會以使用許可方式進行。但是，就算透過音樂著作權協會獲得使用許可，與著作人格權相關之內容仍然需要與著作權人直接協議，關於這個部分，我們將於「著作權種類」一章節中探討。

(3) 法定授權[3]

經過努力尋找，仍然找不到已發表音樂（外國人之音樂除外）之權利人，或是找不到該權利人之處所，而無法取得使用許可之情況（韓國著作權法第50條），或是已公布之著作物基於公益目的須協議，但是協議無法成立的情況（韓國著作權法第51條），以及販賣用唱片在韓國

2 採用原著作音樂，追加一些內容之著作物。韓文原文之中譯為第二次著作物編輯，我國著作權法稱之為衍生著作，但是一般多用二次著作一詞。

3 譯註：韓國著作權法第50～52條。

販賣超過三年，該唱片收錄之著作物經過錄音在為其他販賣用唱片之製作的協議，但協議始終無法成立之情況下為限，經過申請，獲得文化體育觀光部認可其使用權。但是，著作權人為外國人之著作物則不適用，也就是在該外國歌曲著作權人不明的情況下，是無法透過法定許可申請而取得使用權。目前此一法定強制授權許可相關業務，由文化體育觀光部委託著作權委員會全權負責[4]。

使用許可可以區分為專屬許可與一般許可。專屬許可，著作權人於簽約時約定除了契約相對人外，不可許可其他人使用之排他條款。一般許可，則沒有專屬條款的約定，僅許可契約相對人使用之權利。也就是一般許可情況，即使著作權人許可其他人使用，也不得有異議。在著作權人立場，盡可能不簽訂專屬許可契約，但是對於申請許可者，則是希望簽訂專屬許可契約。舉例說明，三年內中國、日本限定之複製權、分配專屬權等，通常會以限定時間、地區、服務範圍為前提，向著作權人申請使用許可。

適用著作權之例外

前述所提，著作權強悍的保護著作權人，他人不得任意使用。但是為學術、藝術發展、公共利益以及下列情況時等，可未經許可使用該著作物。

- 訴訟程序、立法或行政目的等之複製著作物
- 使用公開之政治演說、法院、國會、地方議會之質詢內容

- 使用於學校教育之目的
- 間接使用新聞報導
- 複製時事新聞、社論
- 引用已發表之著作物
- 非盈利目的之著作物公演、公播
- 個人複製使用
- 複製、傳輸圖書館館藏資料
- 為出考題而複製著作物
- 為盲人將著作物以點字方式複製、傳輸
- 廣播事業為自製節目之著作物暫時的錄音、錄影

4 譯註：相較而言，我國於二〇一〇年二月三日制定公布文化創意產業發展法，並於二〇一〇年八月三十日施行。該法第24條針對孤兒著作之利用，建立強制授權制度。該條第一項規定：「利用人為製作文化創意產品，已盡一切努力，就已公開發表之著作，因著作財產權人不明或其所在不明致無法取得授權時，經向著作權專責機關釋明無法取得授權之情形，且經著作權專責機關再查證後，經許可授權並提存使用報酬者，得於許可範圍內利用該著作。」著作權主管機關經濟部，並於二〇一〇年九月依該法之授權，訂定發布「著作財產權人不明著作利用之許可授權及使用報酬辦法」，供利用人據以申請利用「孤兒著作」。

- 美術著作物於特定場所之展示、複製
- 上述使用之著作物之翻譯、編曲、修改使用

著作物登記

大部分音樂著作物都會於韓國音樂著作權協會等登記有案之協會登記其著作物。雖然依據「著作權的發生與消滅」一章節提過，不登記也不會影響其成為著作權人。但是登記的話，會有以下幾點好處，因此多半著作權人都會將自己的著作物登記於音樂著作權協會。

第一，著作權登記具有法定推定效力。所謂法定推定效力是在他人提出其他主張之前，該著作物之登記人推定為著作人，於著作權受侵害時，舉證責任移轉至侵權加害人，於法律上站於有利地位。也就是表示，著作物登記就是為自己所著作的著作物貼上「這音樂是我做的、是屬於我的」的標籤，在他人主張是他的之前，認可為是「我的東西」。萬一音樂登記後，其他人主張該著作物為剽竊時，主張該著作物為剽竊之人須負舉證責任。

第二，著作權讓與或是繼承的情況，第三者具有抗辯權，也就是比未登記時更能在法庭上取得優先順位之權利。我們都知道透過「不動產登記制度」，不動產之所有人資訊皆處於公開資訊，音樂登記也是將音樂之所有人之資訊公開，對於讓與或是繼承時，可以明確知道其權利之真實性。

最後，著作物登記時，該音樂使用給付之經濟利益（費用）即可快速獲得分配。若沒有登記，在確認著作權人是誰之前，便無法提供相當之著作權費用報酬。

著作權保護之理由

接著，我們要從著作人到音樂著作權協會登記音樂著作物，進而可標示為音樂所有人，舉凡是有使用該項音樂之需求，即需要申請使用許可的過程等來說明「為什麼要保護著作權」這個問題。

我們在餐飲店內用餐時，不是免費的食用，而是需要支付一定費用才能夠享用。甚至於該餐點不好吃到想罵髒話，我們也不能說「難吃死了我不付錢」，若是這樣做，我們就會被帶進警察局。同樣的，在資本主義的社會中，使用著作物需要給付相當費用，應屬於非常基本之概念原則。

但是現實上，因為音樂內容屬於無形之貨物之故，著作權人的權利相當容易被忽略，甚或是被侵犯。然而，若一個社會無法認同貨物或服務之使用應當給付相當代價，社會秩序即會被破壞，難以期待有正常的發展，例如我們不會放任走進超市或是便利商店拿取泡麵、麵包卻不付費的行為，因此，理解著作權與保護著作權不單單是保護著作權人，同時也是保護我們社會整體的利益。

2 著作權的種類與意義

前一章節我們探討了基本的著作權概念，現在我們要從商業音樂適用之著作權的總類以及其意義著手探討，著作權可區分為保護著作人之人格的著作人格權，以及為保護經濟上之利益而有著作財產權。

著作人格權

著作人格權是為保護著作人之名譽與人格利益之權利，區分為公開權與姓名標示權、作品完整權。著作人格權是專屬於著作人之權利，無法讓與或繼承。例如我們假設A作曲人創作出〈真的很愛你〉一曲，萬一A死亡後，著作權讓B繼承，A的作曲人身分是不會變更。因為姓名標示權無法讓與或繼承之故。同樣的，歌曲名稱亦無法從〈真的很愛你〉改為〈我真心的愛你〉。這與經濟利益無關，僅代表誰創作了該著作物，且保護該著作物不任意被改變之權利，是為著作人格權。

詳細說明著作人格權如下：

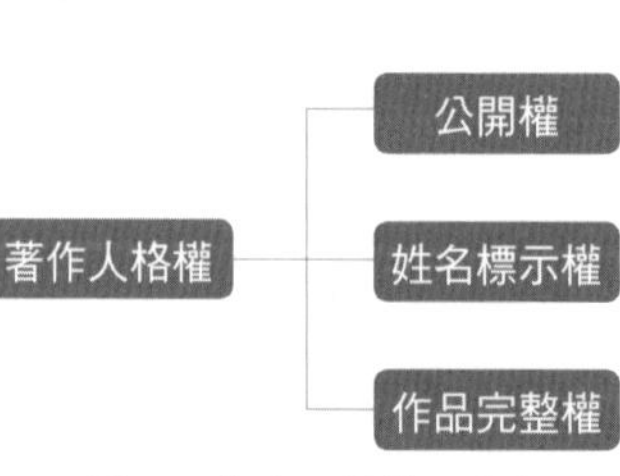

圖 4-1 著作人格權之種類

⑴公開權

公開權，亦即著作權人有權決定其著作物要不要向一般人公開。公開，亦即著作物透過公演、公眾傳播或是展示方式以外的途徑向大眾公開並發行該著作物。也就是假設著作人創作音樂，不願公開給外部人員知道，僅提供自己的朋友聽，而該朋友在未經音樂著作人同意之下對外公開時，即侵害了著作人之公開權。但是，著作人若上傳至人數眾多之網路社群，或是僅特定人能夠加入之網路社群，即可認定為已達公開之事實。雖然是封閉的社群網路，但是著作人一旦上傳，致使多數人能夠聽到，即認定為已公開。且公開權為首度由著作人本人發表之權利，發表之後則持續處於公開狀態。

⑵姓名標示權

姓名標示權，亦即著作人之名字標示於著作物之權利。姓名標示權不限定本人之本名，亦可是藝名或是別名。萬一線上音樂服務沒有標示作曲人、作詞人、歌手藝人姓名時，即會違反著作權中著作人格權之姓名標示權。實際上，我們於使用音樂服務時，通常只會在播放器（智慧型手機）看到有標示歌手藝人，卻沒有標示作曲人、作詞人，這是因為播放器（智慧型手機）螢幕大小限制而無法完整標示。不過這不構成問題點，因為只要進入該音樂網站的網頁，就可以看到標示完整的作曲人、作詞人、編曲人的姓名。標示著作權人姓名是個簡單小事，但是基

於能夠辨識是誰的著作物，因而必須清楚標示方可。

(3)作品完整權

作品完整權，也就是著作人對於不當修改著作物內容之行為有禁止之權利，只有著作人可以針對該作品之內容、型態、題目修改，但是著作物於使用時，著作人可以允許必要之修改變更。這裡所指的必要之修正變更會限定於一定範疇。舉例來說，因為技術問題高、低音無法錄音的情況可以做些許修正，演奏者或是演唱者因為不熟悉而導致與原曲有不同的情況，也是著作人必須容許的範疇。但是如果有人刻意將曲目其中一部分剪掉，或是改變順序使用之時，就是侵害了曲目的完整性，也就是作品的完整性，有可能會面臨民、刑事訴訟的問題。

(4)模仿（Parody）[5]

與作品完整性具有相關聯性是模仿。模仿就是擷取他人已完成創作特徵之一部分，模仿成自己的作品。一般具有模仿要素之作品都不會掩飾其模仿行為，因其目的是讓人哈哈大笑，因而模仿方式不是批判藝術作品，而是成為搞笑素材的使用。各國家、各地區的著作權法針對這部分有不同的適用基準，但是都會考慮模仿的情況。在美國，模仿可以廣泛使用於諷刺、搞笑等等，並沒有太多限制。但是在韓國，著作權人會主張應脫離「著作物依據其性質或其使用目的與型態之部分許可使用的範圍」的認定，主張屬於侵害作品完整性可以提出訴訟。只是，僅僅比較美國與韓國對於模仿定義上的差異尚且不足，美國的著作權執行與使用非常嚴謹，且整體社會對於保護著作權的意識相對高，所以針對模仿可以放寬許可使用的標準。但是韓國著作權對於無形內容之保護尚未如美國成熟，因而模仿的許可範圍理應限縮。

那麼，針對上傳至 Youtube 模仿ＰＳＹ〈江南 style〉的模仿影片，為什麼ＰＳＹ沒有依據侵害作品完整性提出訴訟呢？這是因為ＰＳＹ選擇放棄[6]對於模仿「自己的作品」的行為人提出著作人格權與作品完整性之訴訟，目的是為了讓更多人可以知道〈江南 style〉這首歌。然而，二〇〇一年搞笑藝人出身的歌手李載秀（Jae Soo Lee）模仿徐太志和孩子們[7]的 *Come Back Home* 製作專輯，導致在著作權的訴訟上敗訴，而這個訴訟案例是身為著作權人的徐太志，意圖導正「確認保護著作權與正確認知模仿文化」的企圖，之後關於著作人格權的認知以及相關保護的層次更上一層樓也是無法磨滅的事實。透過上述兩個案例，讓模仿也能成為文化

5 譯註：針對「模仿」部分，我國目前最著名的相似案例應為谷阿莫的「三分鐘看完某某電影」，智慧局尚未對此案例說明法規適用標準，我國亦無針對「模仿」相關之法規。但可參考 https://read01.com/5BEGOQ.html 說明，一般而言，我國會依據是否「合理使用」為依據。

6 金仁哲〈熟知著作權制度，善用著作權制度的ＰＳＹ〉，（C STORY 二〇一二年十一月）。

7 譯註：一九九二年出道，九〇年代當紅的組合。他們背後沒有經紀公司，是以三名成員為主軸組成的一個自由團體，這也是他們與現在的偶像組合的最大區別之處。他們具有現代感的舞曲、說唱樂曲風，取代了在當時樂壇佔據主流地位的韓國演歌。

創作的一環，前提是需要確認在不會妨礙著作權人名譽的範圍下，能夠積極活用的智慧。

目前為止，我們探討著作權人於人格上之名譽，也就是著作人格權。著作人格權並不會隸屬於任一機關團體或是協會，是專屬於著作權人自身權益之保護的權利，從商業層面看來比重不高，亦不太重要，但是屬於著作權人基本需要維護的權利，因而屬於必須熟知之知識。接下來，我們來探討商業音樂的核心——著作財產權。

著作財產權

著作財產權是為保護著作權人經濟利益之權利，同時也是商業音樂的主要核心內容，因而有必要詳細理解。

著作財產權包含重製權、公演權、公眾傳播權、展示權、分配權以及二次著作，其中公眾傳播權分為播放權與傳輸權，以及數位傳輸權。

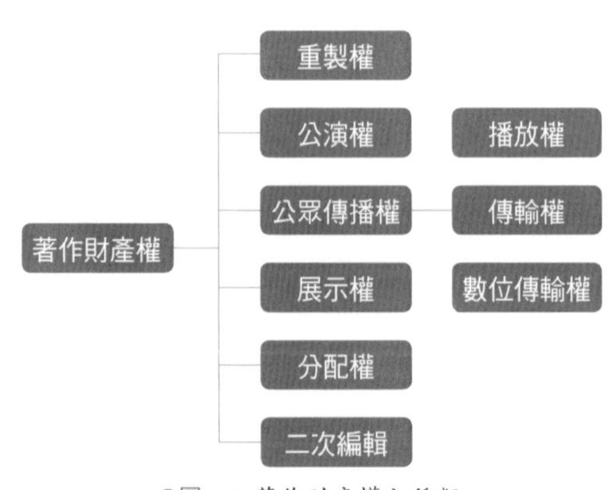

圖 4-2 著作財產權之種類8

(1)重製權

重製為以錄音、錄影的方式拷貝著作物進行再製作之過程，一般來說作曲人完成曲目、作詞人譜上詞，編曲人修飾完成整首歌曲，爾後在錄音室製作完成的母帶CD是原始版本。最初的原始版本要讓一般大眾知曉需要複製成可實際流通之CD，或是利用網路複製流通使用的方式，是為重製權。如製作非法CD或是DVD，抑或是利用電腦裝置或透過網路非法下載等等行為皆屬於違反重製權。

但是，本人購買之音樂檔案合理製作成CD或是上傳作為個人用途時，即符合「著作權適用之例外」中的「私人使用之複製」，因而不會有任何侵權問題。

(2)公演權

公演，意指歌手藝人提供大眾觀覽而使用之音樂而言。外部活動或是演唱會時，必須支付一定費用以取得著作權人之授權使用。只是真的如上所述的話，我們在路上隨時能夠聽到使用吉他伴奏演唱的街頭藝人，全部都有支付費用取得著作權人之授權嗎？這種情況屬於「著作權

8　譯註：相較而言，我國現行著作權法中關於著作財產權之規定，於該法第22條至29條之1、第87條，包含「重製權、公開口述權、公開播送權、公開上映權、公開演出權、公開傳輸權、公開展示權、改作權、編輯權、出租權、散布權以及輸入權」。

適用之例外」中的「非營利目的使用著作物之公演、播放」，因而無須給付著作權費用。雖然街頭藝人演唱時會設置小費箱，但此一行為亦並非以營利為目的，小費箱被認定為屬於「捐贈」行為，而不會造成任何侵權問題[9]。以上以著作權人之著作物於公演使用，或是不可公演使用之權利，是為公演權。

(3)公眾傳播權：播放權、傳輸權、數位傳輸權

公眾傳播權，係指音樂透過有線、無線提供或是傳送給予大眾閱聽之意，以及其相關權利稱為公眾傳播權。公眾傳播權細分為播放權、傳輸權、數位傳輸權，這三種權利相似卻有些微不同，因而採用下表簡單說明會較易理解其差別。

種類	定義	舉例
播放權	提供大眾可同時收看、收聽聲音與影像之權利	無線電視、有線電視、地上波電視[10]、廣播等等
傳輸權	提供個別大眾於選擇時間、場所內使用音樂著作物之權利	網路音樂網站串流、下載服務、網路再次收看（VOD）、再次收聽（AOD）
數位傳輸權	提供大眾可同時收看或依據申請之數位方式傳送音樂的權利。傳輸除外。	網路電視音樂 play、Afereeca TV（afereeca.com）、網站音樂、賣場音樂服務

表 4-1　公眾傳播權種類

二〇〇六年十二月韓國著作權法修正之前，僅規範至播放權與傳輸權。播放權與傳輸權的差異，在於大眾能否「同時」聽到、大眾能否「不同時」聽到。也就是不論是電視、廣播，全

國各地的大眾皆能夠「同時」聽到同樣的內容。但是，網路音樂網站雖然是設計成大眾可以聽的內容，但是卻沒有「同時」這個要件，而是依據個人選擇的「特定時間」。

播放與數位傳輸權之間有「同時」這個共同點。但是，播送「不具有大眾申請」功能，是電視台單方決定傳送之音樂與影像[11]。而數位傳輸是「依據大眾申請（雙方）合意」。舉例說明，網路上提供隨時可以聽取音樂的網站音樂服務，是為該使用者（接收者）進入該網站、選擇特定選項後，雙方合意之「依據大眾申請」的服務時，服務方開始進行。

傳送與數位傳輸，與播放不同之處，在於依據大眾個別的申請展開服務。但是數位傳送是任何人可以在任何時間內聽取相同的內容，帶有「大眾同時收聽收看之目的」，而傳送則是個人選擇在「不同的時間」收看收聽。

播送與傳輸、數位傳輸已具同時性與選擇性之基準，區分如下表。

9　譯註：我國目前認定街頭藝人使用音樂之表演為合理使用，與韓國認定為「打賞、捐贈」的見解相同。

10　譯註：地上波（ground radio wave）電視，韓國於2G手機時代常見之收看電視之方法，只要持有2G手機，於移動中皆可收看有線、無線等有加入地上波電視之頻道。

11　IPTV的情況是屬於大眾申請，因而在韓國現行法規上屬於「網路媒體」而非「播送」，適用不同的法規。「播送法第11690號，2013.03.23」。

類別	同時性	選擇性
播送	同時（同一時間同一音樂）	單方（無法選擇，電視台單方傳送）
傳輸	異時（同一時間不同音樂）	雙方合意（個人想要的部分）
數位傳輸	同時（同一時間同一音樂）	雙方合意（個人想要的部分）

表 4-2 大眾傳送權差異比較

然而，著作權人多數不會限制自己的音樂透過電視媒介播送之權利，因為權利人知道歌曲需要透過電視媒介才能夠讓多數不特定人聽到，才有機會形成當紅的歌曲，進而增加歌曲的財產價值，況且，人們若不願意聽就沒有做音樂的理由。然而一部分的著作權人採取許可電視播放，但不許可傳輸、數位傳輸服務，是基於不贊成透過網路販賣音樂或是反對特定服務行為。這些做法其實是權利人行使其基本權利，相關服務網站也無法強制要求權利人。只是期望人們可能有長期的眼光，保有適應技術發展與社會變遷的能力。

展示權係指提供美術與照片之原本、重製品給予一般人觀賞之權利，但因與音樂著作權該當事項不相符，因而不屬於本書討論的範疇。

(4)分配權

分配權係指著作物之原本、重製品以一定價格付費或免費的方式讓與、租讓給大眾的權利。收取一定費用所分配之音樂，視為「販賣音樂」、免費的方式所分配的音樂，視為「免費服務」。就像 Epik High[12]所演唱的「Olympic Song」一樣，是屬於SKT[13]所製作、免費分配的案例。

著作權人有權利決定原本、複製品之分配、禁止事項的權利。然而，如果合法購買CD之人，將CD轉賣到中古CD店時，有否違反分配權呢？此處為「權利消滅原則」，經由著作權人許可分配讓與著作物時，接下來的分配權就不屬於著作權人需要許可的範疇。

(5) 二次著作

二次著作係指翻譯原著作物、將獨創之著作物編曲再製作使用之權利。如當紅的試鏡相關節目或是改編過往人氣歌曲演唱的專輯，皆須獲得權利人許可才能夠進行的情況，即是為保護著作權人之二次著作物之編輯權。

二次著作物編輯權之保護，包含下列廣泛的意義：「著作物讓與他人時，關於二次著作的使用權利並不包含在內（韓國著作權法第四十五條第二項）。舉例來說，著作權人雖將著作物讓與他人，但是需要編曲或是改詞時，仍需原著作權人許可，亦即該項權利仍在原著作權人手

12 譯註：Epik High 是由兩名饒舌歌手和一名唱片騎師組成的韓國嘻哈團體，於二〇〇三年出道。團體的名字 Epik high 意為沉醉在詩裡的狀態，或者是具有敘事詩似的偉大的意味的意思。

13 譯註：SKT為韓國三大電信公司之一，其他兩家為KT、LGU+。

上。如果，想要將二次著作之權利一同讓與他人時，需要再讓與契約中明定『編曲權等二次著作編輯全包含在內之著作財產權』之內容方可。[14]」

著作財產權是著作物於經濟上之利益，大部分與著作權相關之訴訟亦與著作財產權有相當大的關聯。熟知詳細的權利內容，才能檢視新的服務，而當有人侵害了該權利時，可以引以為據來保護自身的權利。這也是商業音樂從業人員抑或是想從事商業音樂之人所應確實知悉的部分。接下來，我們要探討多樣的著作權是如何適用於音樂產業，著作權費用又是如何分配。

3 著作權費用的徵收與分配

在韓國，大約有百分之九十六的歌曲都是委託[15]韓國音樂著作權協會管理，該協會代替著作權人向使用者徵收著作權費用、傳達著作權人對於使用自身著作物之使用內容與費用之協議。上述說明之著作財產權詳細委託範圍如下表 4-3。

音樂著作權人委託之著作財產權，可以取得多少獲益呢？韓國音樂著作權協會每月都有公布其收益，而表 4-4 為二〇一四年收入實益表，可以看出音樂著作權費用是隨時會產生。

著作權類別	詳細委託範圍
公演	舞台公演使用費用
	營業場所使用費用
	百貨公司等公演使用費用
播放	播放使用費用
傳輸	傳輸使用費用
網路音樂	網路音樂使用費用
複製	錄音使用費用
	電影使用費用
	廣告使用費用
	出版使用費用
	教科書用使用費用
租借	租借使用費用
外國匯款使用費用	
電影跟上映權公演使用費用	

表 4-3 韓國音樂著作權協會委託範圍

14 夏東哲（2013）《音樂著作權》，Communication Books。

15 著作人格權，不需要協會介入，屬於著作權人自身所管理之權利。

社團法人 韓國音樂著作權協會

收 入 實 益 表

2014 年 1 月 1 日起 12 月 31 日為止

委託統計　　（單位：韓圜）

卷	項	統計科目	預算金額	執行金額	基本	達成率
音樂使用費用收入	播放使用費用	無線播放使用費用	15,210,000,000	14,345,068,000	100%	94%
		有線播放使用費用	10,400,000,000	9,422,866,840	100%	91%
		分社有線播放使用費用	6,100,000	5,485,481	100%	90%
		IPTV 使用費用	2,600,000,000		100%	
		衛星暨 DMB 播放使用費用	855,000,000	843,682,690	100%	99%
		網路音樂暨其他播放使用費用	520,000,000	537,404,458	100%	103%
	小計		29,591,100,000	25,154,507,469	100%	85%
	傳輸使用費用	有線傳輸使用費用	28,986,000,000	33,273,284,337	100%	115%
		無限傳輸使用費用	1,717,000,000	2,002,773,220	100%	117%
	小計		30,703,000,000	35,276,057,557	100%	115%
	複製使用費用	唱片使用費用	10,201,000,000	8,938,579,788	100%	88%
		演唱伴奏使用費用	3,299,000,000	3,320,754,817	100%	101%
		其他錄音使用費用	1,526,000,000	998,667,011	100%	65%
		影像使用費用	1,646,000,000	1,451,319,281	100%	88%
		分社影像使用費用	7,000,000	4,117,907	100%	59%
		電影使用費用	155,000,000	126,187,520	100%	81%
		分社電影使用費用	-		100%	
		廣告使用費用	570,000,000	561,061,000	100%	98%
		出版社使用費用	1,100,000,000	1,073,056,264	100%	98%
		教科書用使用費用	90,000,000	249,606,676	100%	277%
	小計		18,594,000,000	16,723,350,264	100%	90%

卷	項	統計科目	預算金額	執行金額	基本	達成率
音樂使用費用收入	公演使用費用	舞台公演使用費用	-	-	100%	
		分社舞台公演使用費用	3,500,000,000	4,412,241,600	100%	126%
		遊樂設施與專門體育設施	385,000,000	397,157,530	100%	103%
		分社遊樂設施與專門體育設施	230,600,000	199,842,113	100%	87%
		娛樂酒館使用費用	15,107,600,000	15,403,306,569	100%	102%
		酒店場所使用費用	4,727,400,000	4,753,946,533	100%	101%
		練歌房[16]使用費用	10,900,000,000	11,337,604,020	100%	104%
		武道場使用費用	204,100,000	223,309,146	100%	109%
		有線公演使用費用	289,000,000	284,168,520	100%	98%
		上映使用費用	270,000,000	325,388,625	100%	121%
		分社有線公演使用費用	1,598,200,000	1,591,957,602	100%	100%
		其他使用費用	898,000,000	-	100%	
	小計		38,109,900,000	38,928,922,258	100%	102%
	其他使用費用	外國匯款使用費用	7,000,000,000	8,317,518,810	100%	119%
		委託團體匯款	14,000,000	-	100%	
	小計		7,014,000,000	8,317,518,810	100%	119%
使用費用合計			124,012,000,000	124,400,356,358	100%	100%
他 其		收入利息	1,000,000,000	982,391,247	100%	98%
合計			125,012,000,000	125,382,747,605	100%	100%

表 4-4 韓國音樂著作權協會 2014 年收入實益表

16 譯註：韓國練歌房類似台灣過往卡拉 OK 的營業型態，幾乎每個區域都會有數家至數十家練歌房，且遍布全韓國包含農漁村的各個地區。與台灣 KTV 播放歌手 MV 伴唱帶之模式不同，因而沒有 MV 權利費用之疑慮。

分析二〇一四年韓國音樂著作權協會的收入可知，整體著作權收入約一二五〇億韓圜，更進一步可以看出，播放使用費用約二五〇億韓圜、傳輸使用費用約三五二億韓圜、複製使用費用約一六七億韓圜、公演使用費用約三九〇億韓圜。其他使用費用則為與日本、美國、中國等國透過簽訂互惠管理條約之著作權收入，約八十三億韓圜。K-POP人氣繼續沸騰之下，可預計往後海外收取之著作權會逐漸增加。

而最大比重是公演使用費用約三九〇億韓圜，娛樂酒館、酒店場所、練歌房使用費用就佔了三一〇億韓圜，這部分是使用的人越多，就會產生更多著作權使用費用。再者，透過智慧型手機使用串流服務增加，使得傳輸使用費用達三五〇億韓圜。從中可知傳輸使用費用將會超越公演使用費用，因為使用音樂串流服務的增加也相對的讓著作權使用費用比例上升。

而代替著作權人向使用者收取著作權使用費用的著作音樂韓國權協會[17]，是屬於代替收取、分配的角色，具體來說，什麼樣的服務需要收取[18]多少著作權使用費用，而該如何分配[19]則需要依據不同著作權訂定之。

公演使用費用

沒有一場公演是完全不需要音樂的，音樂是可以讓人們產生共鳴，進而與活動合而為一、互相分享情感的方法之一。而這裡所謂的公演，不僅指專門演奏會或是演唱會，還包含在人群聚集的地方播放音樂，這類具有營利行為之公演活動所使用的歌曲音樂，皆需要支付音樂著作權使用費給韓國音樂著作權協會。而公演所需要的歌曲亦需要列表提出，因需要以清單為依據，確認分配給予著作權人的著作權費用。但是，練歌房會依據練歌房機器中的每日數據（Log Data）[20]為分配基礎，練歌房中越多人使用的歌曲，就需要支付越多的著作權使用費用。

那麼，學校舉辦的校園活動，又唱又跳的校園才藝活動使用音樂時，也需要繳交公演使用費用嗎？這部分是不需要的，因其符合「著作權適用之例外」中之「非營利目的之公演、播放行為」，因而學校或是學生會皆不需要給付公演使用費用，參與學校活動的聽眾並沒有給付入場費用，也沒有提供參與表演的學生演出費用時，即不屬於「營利活動」。然而若是於學校活動邀請歌手藝人演出並提供演出費用時，就屬於「營利活動」，是須給付公演使用費用給韓國音樂著作權協會。

17 譯註：此類團體於台灣稱為「集管團體」，台灣相關法規於二〇一〇年修正更名為著作權集體管理團體條例（原條例名稱為著作權仲介團體條例），依據本條例管理相關機關團體。
18 依據二〇一四年十一月十七日變更之音樂著作物使用費用收取規則為基準。
19 依據二〇一四年十二月三十一日變更之音樂著作物使用費用分配規則為基準。
20 Log Data：什麼歌曲使用幾分鐘、使用了幾回，皆會記錄在該系統資料中。

基本公演使用費用計算方式如下：

公演使用費用＝賣出額×音樂使用費用率×音樂著作物管理比率[21]

考慮各種不同公演會使用不同的音樂，賣出額的比率也需涵蓋在規範內。再者，韓國音樂著作權協會目前接受委託管理之音樂比率亦須加乘，若不屬於該協會管理之音樂則為其權利人所管轄，協會則不代替收取。

每場公演具體的著作權費用收取規則如下：

(1) 演奏會

依據該演奏會之情況適用不同的音樂使用費率，音樂使用越多，就需要適用更高的使用費用比率。

a. 演唱會、宴會表演、演奏會等為主要目的時，音樂使用費用率：3%

b. 歌劇、音樂劇、歌舞劇、芭蕾等等表演結合之音樂使用費用率：2%

c. 服裝秀、馬戲團、舞蹈表演、冰上秀等，音樂是屬於附帶使用之音樂使用費用率：1%

公演使用費用＝賣出額×音樂使用費用率×音樂著作物管理比率

這裡所謂賣出額係指入場費收入中先扣除營業稅（消費稅）與入場券販賣手續費後，計入贊助、捐獻之金額，乘上上述音樂使用費用與音樂著作物管理比率的方式計算。

依據上述的計算方式收取之著作權費用，扣除韓國音樂著作權協會之手續費（19%以內），依據公演列表為基準分配給著作權人。

(2)職業體育賽事球場

職業棒球、籃球、排球等運動比賽球場中，都會使用音樂來加油助興，也就是音樂在這類場合亦屬於重要角色，同時也屬於面對比賽觀眾表演的緣故，是需要給付音樂公演使用費用給韓國音樂著作權協會。然而，這類運動比賽的音樂使用是屬於附帶使用，所以音樂使用費用率會較演奏會使用費用低。

公演使用費用＝入場費收入×音樂使用費用率（0.2%）×音樂著作物管理比率

特別是職業運動球賽，多數為動員現場觀眾為球員加油時使用音樂，不只球團加油歌、選手也有個人加油主題曲，於選手交替時或是為了炒熱氣氛時使用。韓國棒球委員會（KBO）[22]之行銷公司KBOP，會將各球團一年間使用之音樂列表，於球季結束之後的十一月提交給韓國音樂著作權協會，依據上述計算公式決議著作權費用。韓國音樂著作權協會以

21 音樂著作物管理比率，係指將音樂委託韓國音樂著作權協會管理之比率。依據二〇一四年十二月三十一日韓國音樂著作權協會音樂著作物管理比率約為96%，該比率會依據結算基準點調整。

22 譯註：韓國棒球委員會，正式韓文全名為「한국 야구 위원회」，漢字為「韓國野球委員會」，英文簡稱是KBO（Korea Baseball Organization），為韓國的職業棒球組織，成立於一九八一年十二月十一日，大韓棒球協會則為其下屬單位。

KBOP之列表清單為基準分配著作權費用，KBOP繳交給韓國音樂著作權協會的音樂著作權費用二〇〇二年一〇〇〇萬韓圜、二〇〇三年一五〇〇萬韓圜，二〇〇七年職業棒球因為熱潮再起，當年度為四七〇〇萬韓圜、二〇一〇年五七〇〇萬韓圜、二〇一一年達到七〇〇〇萬韓圜，而二〇一二年更是翻倍到一億四九〇〇萬韓圜[23]。

依據上述的計算方式收取之著作權費用，扣除韓國音樂著作權協會之手續費（19％以內），依據公演列表為基準分配給著作權人。

(3)遊樂設施

一般遊樂設施也會有使用音樂的時機，這也是需要繳納公演使用費用。其中，使用音樂最具代表性的遊樂器具就是「旋轉木馬」，而整間遊樂設施內所使用的音樂廣播等等也包含在需要付費之範圍內。

公演使用費用＝（入場費收入＋使用音樂之遊樂設施使用費用收入）×音樂使用費用率（〇．一一％）×音樂著作物管理比率

依據上述的計算方式收取之著作權費用，扣除音樂著作權協會之手續費（19％以內），依據公演列表為基準分配給著作權人。

(4) 營業場所（娛樂酒館、酒店場所、練歌房、夜店、音樂公演咖啡廳等）

如同「飲酒歌舞」一詞，音樂與酒有密不可分的關係，有酒的地方就會有音樂相伴。從小酒館的柔和音樂到爵士吧抒發情感的音樂、夜店中舞曲等等皆屬於酒與音樂的結合，同時亦能夠讓人們抒發情感，因而許多營業場所都會使用音樂。各個營業場所皆須依據音樂使用基準給付適當之公演使用費用給音樂著作權協會。

而與酒無關的有氧運動、歌唱培訓中心等也是屬於以大眾為對象之使用音樂的情況，因而需要給付公演使用費用。再者，餐廳、咖啡廳播放的音樂，以及首都圈[24]近郊許多的音樂咖啡店也

（單位：韓圜）

等級	營業許可面積	月定額給付	比較
1	未滿 66 平方公尺	31,000	農漁村地區依據村落大小調低一個間距（1 等級除外）
2	66 平方公尺以上 未滿 99 平方公尺	40,000	
3	99 平方公尺以上 未滿 132 平方公尺	49,000	
4	132 平方公尺以上 未滿 165 平方公尺	58,000	
5	165 平方公尺以上 未滿 198 平方公尺	68,000	
	198 平方公尺以上，每超過 33 平方公尺時	追加 9,000 （最高可到 287,000）	

表 4-5 夜店、沙龍等娛樂場所與劇場型餐廳之公演使用費用

23 南志恩（2013.06.06），〈棒球場上的音樂也要付著作權費用嗎？〉，《韓民族日報》，http://www.hani.co.kr/arti/sports/baseball/590777.html。

24 譯註：這裡首都圈係指大首爾地區，一般泛指首爾地鐵可到達之處。

（單位：韓圜）

等級	營業許可面積	月定額給付	比較
1	未滿 66 平方公尺	27,000	農漁村地區依據村落大小調低一個間距（1 等級除外）
2	66 平方公尺以上 未滿 99 平方公尺	35,000	
3	99 平方公尺以上 未滿 132 平方公尺	43,000	
4	132 平方公尺以上 未滿 165 平方公尺	52,000	
5	165 平方公尺以上 未滿 198 平方公尺	60,000	
	198 平方公尺以上，每超過 33 平方公尺時	追加 9,000 （最高可到 230,000）	

圖 4-6 娛樂酒館之公演使用費用

（單位：韓圜）

等級	學員數	月定額給付	比較
1	未滿 50 人	21,000	學員數無法確認時採用下表 4-8 公演等級
2	50 人以上未滿 100 人	26,000	
3	100 人以上未滿 150 人	31,000	
4	150 人以上未滿 200 人	36,000	
5	200 人以上未滿 250 人	42,000	
6	250 人以上未滿 300 人	52,000	
7	300 人以上未滿 350 人	63,000	
8	350 人以上未滿 400 人	73,000	
9	400 人以上未滿 500 人	89,000	
10	500 人以上	105,000	

圖 4-7 舞蹈補習班、有氧運動場、歌唱培訓中心之公演使用費用

（單位：韓圜）

等級	營業許可面積	月定額給付	比較
1	未滿 66 平方公尺	23,000	農漁村地區依據村落大小調低一個間距（1 等級除外）
2	66 平方公尺以上 未滿 99 平方公尺	28,000	
3	99 平方公尺以上 未滿 132 平方公尺	34,000	
4	132 平方公尺以上 未滿 165 平方公尺	46,000	
5	165 平方公尺以上 未滿 231 平方公尺	57,000	
6	231 平方公尺以上 未滿 330 平方公尺	69,000	
7	330 平方公尺以上 未滿 495 平方公尺	92,000	
8	495 平方公尺以上 未滿 660 平方公尺	115,000	
9	660 平方公尺以上 未滿 990 平方公尺	138,000	
10	990 平方公尺以上	172,000	

表 4-8 武道場、夜總會、高腳椅酒吧公演使用費用

會有相關的音樂公演，需要依據場所大小比率給付公演使用費用。

大部分營業場所是依據營業許可面積為基準，每月繳納定額的使用費用，也就是與賣出額無關，僅依據營業場所的大小比率支付公演使用費用。而練歌房則不是依據整體面積，而是依據其各個房間的大小面積繳納每月定額費用，如果是多人可以一同進入的大型房間，則該練歌房需要給付更多的公演使用費用。

各營業場所，依據其種類不同，繳納公演使用費用的基準如下：

練歌房依據一間房間的面積計算每月定額給付的金額，練歌房中所有房間的金額加總之後給付著作權費用中的公演使用費用。例如，十平方公尺的房間有五間、二十平方公尺的房間有三間的練歌房，每個月須給付 6,000×5＋8,000×3＝54,000 韓圜給音樂著作權協會。

依據上述的計算方式向各個營業場所收取之著作權費用，扣除音樂著作權協會之手續費（22％以內），依據公演列

（單位：韓圜）

等級	營業許可面積	月定額給付	比較
1	未滿 6.6 平方公尺	5,000	農漁村地區依據村落大小每個房間減收 500 韓圜
2	6.6 平方公尺以上 未滿 13.2 平方公尺	6,000	
3	13.2 平方公尺以上 未滿 19.8 平方公尺	7,000	
4	19.8 平方公尺以上	8,000	

表 4-9 練歌房之公演使用費用

（單位：韓圜）

等級	營業許可面積	月定額給付	比較
1	66 平方公尺以上 未滿 99 平方公尺	23,000	
2	99 平方公尺以上 未滿 132 平方公尺	28,000	
3	132 平方公尺以上 未滿 165 平方公尺	34,000	
4	165 平方公尺以上 未滿 231 平方公尺	46,000	
5	231 平方公尺以上 未滿 330 平方公尺	57,000	
6	330 平方公尺以上 未滿 495 平方公尺	69,000	
7	495 平方公尺以上 未滿 660 平方公尺	81,000	
8	660 平方公尺以上 未滿 990 平方公尺	92,000	
9	990 平方公尺以上	103,000	

表 4-10 餐廳、咖啡廳、吃到飽餐廳純音樂之使用費用

（單位：韓圜）

等級	客房數	月定額給付	比較
1	未滿 50 間	20,000	✓每月定額以特級飯店為基準，1 級為特級之 90%、2 級為特級[25]之 80%、3 級為特級之 70%為基準 ✓公寓式飯店則採用特級飯店之 50%為基準
2	50 間以上未滿 100 間	40,000	
3	100 間以上未滿 200 間	80,000	
4	200 間以上未滿 300 間	140,000	
5	300 間以上未滿 400 間	210,000	
6	400 間以上未滿 500 間	280,000	
10	500 間以上	350,000	

表 4-11 飯店之公演使用費用

表為基準分配給著作權人。但是練歌房則是依據練歌房機器所記錄之每日數據（Log Data）為分配標準。另外，純音樂之公演使用費用基於特性上適用25%以內的手續費用。

(5)飯店公演使用費用

飯店也是依據客房數比率給付每月定額費用給音樂著作權協會。依據上述的計算方式向各個飯店收取之著作權費用，扣除音樂著作權協會之手續費（15%以內），依據公演列表為基準分配給著作權人。

(6)百貨公司、大型超市公演使用費用

百貨公司與大型超市依據營業場所面積收取。依據上述的計算方式向各個飯店收取之著作權費用，扣除音樂著作權協會之手續費（15%以內），依據公演列表為基準分配給著作權人。

(7)飛機機艙內公演使用費用

搭乘飛機移動時，飛機機艙內多半會提供音樂服務。這時依據音樂使用支付公演使用費

---

25 譯註：韓國飯店等級之劃分為特一級、特二級、一級、二級、三級，以台灣的飯店等級分類來說大致相符為五星、四星、三星、二星、一星。

（單位：韓圜）

等級	營業許可面積	月定額給付	比較
1	3,000 平方公尺以上 未滿 5,000 平方公尺	80,000	營業場所面積超過賣場面積 125%時，視為 125%的營業場所
2	5,000 平方公尺以上 未滿 10,000 平方公尺	150,000	
3	10,000 平方公尺以上 未滿 15,000 平方公尺	300,000	
4	15,000 平方公尺以上 未滿 20,000 平方公尺	500,000	
5	20,000 平方公尺以上 未滿 30,000 平方公尺	700,000	
6	30,000 平方公尺以上 未滿 40,000 平方公尺	900,000	
7	40,000 平方公尺以上 未滿 50,000 平方公尺	1,100,000	
8	50,000 平方公尺以上	1,300,000	

表 4-12 百貨公司與大型超市之公演使用費用

（單位：韓圜）

類別	登機時音樂使用費用（1 個月／韓圜）	飛行中音樂使用費用（1 個月／韓圜）
未滿 200 席	17,000	69,000
200 席以上 未滿 300 席	22,000	92,000
300 席以上	26,000	115,000

表 4-13 飛機機艙內公演使用費用

用，依據登機時、飛行中，以及客席數比例決定公演使用費用。詳細的基準如下。

依據上述的計算方式向各個飯店收取之著作權費用，扣除音樂著作權協會之手續費（15％以內），依據公演列表為基準分配給著作權人。

上述所探討之音樂，舉凡以大眾為對象之公演（上映、演奏、歌唱、重複播放等等方式公開向大眾表演）時，就必須支付相對的著作權費用之公演使用費用給音樂著作權協會，同時也需要提交公演曲目抑或是如練歌房須提供每日數據（Log Data），方可依此為據分配給著作權人。接下來我們要探討在電視廣播播放時使用之音樂，該如何支付著作權費用。

電視廣播播放使用費用

電視播放，在特性上是屬於傳送予大多數觀眾閱聽節目的行為。電視或是廣播製作的數檔節目中，不可能完全不使用音樂。而節目使用的音樂需要給付電視廣播播放使用費用，基本計算方式如下：

電視廣播播放使用費用＝賣出額×音樂使用費用率×調整係數×音樂著作物管理比率

賣出額係指電視廣播公司前一年度之收訊費用予廣告收入（包含贊助廣告）所合計的費用並扣除支出經費之金額。地上波、第四台、SO、IPTV等等各頻道的音樂使用費用率與調整係數不同，但該項賣出額需要扣除電視廣播播放使用音樂以及廣告部分，依據韓國音樂著作

頻道類型	音樂使用費用率	調整係數	比較
地上波（KBS、MBC、SBS）	1.20%	0.679	2016 年後調整係數基準
地方電視台	1%	0.72	若為 OBS26則調整係數為 0.53
教育電視台	0.35%	0.45	
宗教電視台（基督教、佛教、和平、樂音）、京畿道電視台	1.20%	0.46	京畿道電視台之調整係數為 0.6
交通電視台	1.35%	0.46	
極東電視台（福音）	0.70%	0.46	
國軍電視台	1%	0.72	免除係數追加 0.7
外國語廣報（阿里郎 FM）	1.35%	0.9	2015 年後調整係數 1
國樂電視台	0.70%	0.9	2015 年後調整係數 1
YTN 廣播	0.60%	0.46	免除係數追加 0.7
電視購物頻道（PP）	2.50%	0.42	免除係數追加 0.4 賣出額為前一年度賣出總利益之 15%
專門音樂頻道（PP）	4%	0.41	
音樂多樣頻道（PP）	2.30%	0.41	
娛樂頻道（PP）	1.10%	0.59	
通識、宗教頻道（PP）	1%	0.59	
體育頻道（PP）	0.60%	0.59	
報導型頻道（PP）	0.50%	0.59	
其他頻道（PP）	0.35%	0.59	
綜合有線電視台（SO）	0.50%	0.45	
衛星電視	1%	0.45	免除係數追加 0.5
IPTV	1.20%	0.47	
地上波 DMB	1%	0.45	
直播有線電視台	0.20%		收訊費用代替賣出額為依據
音樂有線電視台	2%		收訊費用代替賣出額為依據
移動電視廣播服務（鐵道用）	0.10%		

表 4-14 電視廣播使用費用 音樂使用費用率與調整係數

權協會與各電視台簽訂有互惠協議，詳細的音樂使用費用率以及調整係數如下。

依據上述的計算方式向各個電視台與頻道收取之著作權費用，扣除音樂著作權協會之手續費（9%以內），依據提出之腳本單[27]為基準分配給著作權人。透過腳本單能夠知道特定曲目使用多少時間，依據該基準決定著作權人收取多少著作權費用。

傳輸使用費用

傳輸係指網路音樂串流、下載服務與網頁背景音樂服務、電視廣播著作物之AOD（Audio On Demand）、VOD（Video On Demand ）服務，其各自之使用費用說明如下。

(1) 串流服務

〈流量型串流服務〉

流量型串流服務為每回聽音樂的時候都需要付費的服務。

音樂網站商品中，如下圖總共可以聽一百次之商品類型，這類的服務就需要依據下方傳輸量支付使用費用給音樂著作權協會。以一回賣出額為14韓

串流 100	(手機・電腦) 收聽 100 次	30 日卷	1,200 韓圜	구매	선물

圖 4-3 串流 100 商品[28]

圜計算，著作權使用費用一首即為1.4韓圜（＝14韓圜×10％）計算。

傳輸使用費用＝1.4韓圜（每曲單價）×使用次數

〈定額無限型串流服務〉

然而，多數使用網路串流服務的人都是使用每月定額無限型串流服務，因為當限定收聽音樂的次數時，在使用服務的時候會覺得備受限制。而一個月可以無限收聽的商品會比流量型的串流服務便宜五成。因而每曲的單價為0.7韓圜（＝1.4韓圜×50％）。並從下列兩個計算公式中選取較高的金額支付傳輸使用費用。

1. 傳輸使用費用＝0.7韓圜（每曲單價）×使用次數[29]

2. 傳輸使用費用＝賣出額×10％×音樂著作物管理比率

過往，每個月付三千韓圜就可以在一個月內無限收聽音樂，這是為了對抗當時網路非法複

---

26 譯註：在韓國OBS係指OBS京仁TV，屬於區域性之民營地方電視台，播放權區域為仁川廣域市與京畿道地區。

27 腳本單（Cut-Sheet）：電影或電視節目從開始到結束的整體過程，依據一定格式具體記載之進行表單。

28 屬於Melon（www.melon.com）的音樂商品之一，一個月付費一二〇〇韓圜，可以收聽一百次音樂服務。不過，二〇一六年七月起每曲單價變更為1.4韓圜。

29 以每曲單價計算時，就不採用音樂著作物管理比率，因為委託韓國音樂著作權協會管理的96％的音樂都會確認使用次數之故。

製與非法音樂服務而刻意採取的低價策略，目的是為了引導使用者使用付費服務的過渡時期必要手段。但是過往十年來持續採行過低的價格，不僅是歌手藝人，對於著作權人的權利保護也會遭遇困難，因而二〇一六年七月一日起，文化體育觀光部主導修正著作權收取費用規則，將月定額制度費用從三千韓圜提高至八千韓圜，上漲率超過百分之百，但是考慮到十年來物價的上升與音樂的價值，不得不說還是晚了許多。考量海外有名的串流音樂服務 Spotify 或 Google music key 的情況是每個月九．九美金，大約韓圜一〇八九〇（$1＝1,100 為基準），韓國的音樂串流服務的費用還是屬於便宜的階段。

那麼，定額型的串流服務為什麼要分成兩種方式計算傳輸使用費用，且要選擇較高的金額支付呢？

這是因為「使用次數」與「停滯顧客」這兩個變數，前面所提及韓國音樂著作權協會在演唱會的情況下，收取賣出額3％的公演使用費用、電視廣播使用費用以地上波為基準是收取賣出額的1.2％。傳輸的部分則是以賣出額的10％作為收取權利費用的標準，使用者如果一個月使用串流一千次，就是0.7韓圜乘上一千得出的七百韓圜，也就是每個月付七千韓圜的10％，收取之著作權費用為七百韓圜。

但是，如果使用者使用超過一千次的串流服務，又該怎麼辦呢？更明確的以一千次串流收費標準來說，第一種計費方式是以每曲的計算方式收取著作權費用為七百韓圜，第二種計費方式則是以賣出額度計算方式應為賣出額七千韓圜的10％，也就是七百韓圜的權利費用。但是如果超過一千次以上的串流時，雖然賣出額（每月付出的費用）不變，多使用的音樂也是需要給付相當的傳輸使用費用給著作權人。

換句話說，使用者如果使用超過一千次串流服務，第一種計費方式的傳輸使用費用會較高，如果不滿一千次，則是第二種計費方式較高。所以兩種計費方式中擇較高者收取時，不論單一使用者是否使用超過一千次，對於著作權人而言都可以保護其著作權。

然而，若出現所有的人都使用超過一千次串流服務，那音樂服務的提供公司賺的錢（賣出額）就會比付出的權利費用少，只是，這種情況實務上從未出現過。這是因為或多或少會有會員付費卻沒有實際使用（停滯顧客）的情況，一般而言，定額制是採行每月自動繳費結帳的方式，但是會員往往會因為考試、忙碌等等因素沒有時間聽音樂，而這種情況比音樂服務公司想像中來得多。

然而，只聽一秒也算是一次串流使用嗎？大部分音樂服務網站都有提供「搶先（預聽）一分鐘」的服務，目前不屬於付費服務的一分鐘樣本式的搶先（預聽）服務，是不計算在使用次數之列。

(2)下載服務

相較於一件串流服務付一筆傳輸使用費用，每月定額型無限串流服務的傳輸使用費用約便宜五成，而下載服務也是同樣的情況，而且下載比串流有更多複雜的優惠計算方式。

〈計量型下載服務〉

每下載一首音樂檔案（MP3）就需要給付一次費用的方式，目前是一首七百韓圜（尚未含稅），每首下載歌曲需要支付賣出額的10%，也就是七十韓圜（＝七〇〇韓圜×10%）的著作權傳輸使用費用。

傳輸使用費用＝70韓圜（每首單價）×下載次數

〈套裝下載服務〉

音樂網站多半都有一個月可下載三十首以上歌曲之MP3檔案的商品類型，這些商品稱為套裝商品，是MP3音源下載服務與付費服務擴大之商品。因此，套裝下載比計量型下載便宜五成，每首單價降低為三十五韓圜（＝70韓圜×50%）。如果下載超過一百首以上之下載商品券時，則每首單價就會優惠為十七．五韓圜（＝35韓圜×50%），而三十首到一百首之間，每追加一首就會比前一首多省1%。舉例說明，下載三十首歌曲時，每首單價35韓圜，因而傳輸使用費用為35韓圜×30首，下載第31首的單價就會比前一首單價少1%也就是減少〇．三五韓圜為二九．六五韓圜，再乘上31次等於產生九一九．五韓圜的傳輸使用費用。上述每曲單價以二〇一六年為計算基準[30]。

（三十首）傳輸使用費用＝35韓圜（每首單價）×下載次數

（一百首以上）傳輸使用費用＝廿四．五韓圜（每首單價）×下載次數

〈時間制型下載服務〉

時間制型下載服務，係指如同使用無限串流服務般的無限下載的服務。而歌曲雖然可以無限下載，但是音樂檔案並不是無限使用，而是需要透過每月結帳付費延長使用的方式，方可持續聽取下載之音樂檔案。也就是若沒有持續付費，該音樂檔案（一般而言是DCF檔案，DRM contents File的縮寫）就無法使用。歌曲雖然可以無限下載，但是因為時間是有限制的，費用就會是套裝下載服務每曲單價的38%，以下載三十首的情況，原價35韓圜的價格會降價至十三．三韓圜（＝35韓圜×38%）、下載一百首以上，原價十七．五韓圜的價格就會降價至六．六五韓圜（＝十七．五韓圜×38%），同樣的三十首與一百首之間，每增加一曲就會比前一首多省1%。

（三十首）傳輸使用費用＝十三．三韓圜（每首單價）×下載次數

（一百首）傳輸使用費用＝六．五韓圜（每首單價）×下載次數

⑶組合商品（串流＋下載）

套裝商品是指串流與下載同時可以使用之商品服務。許多使用者是使用這項服務於無限串流收聽時，如果聽到喜歡的歌曲想要收藏時，就能夠選擇使用這項服務。這種情況，串流使用

---

30 收取費用標準規則二〇一三年修正以來，二〇一三年70%、二〇一四年80%、二〇一五年90%、二〇一六年百分之百之年度差異，而本書為說明方便採用二〇一六年之計算價格為基準。

費用就會優惠五成。舉例說明，有一個月無限串流與一百首套裝下載，或是無限串流與時間制型下載的組合商品類型，這類商品可以使用更優惠的價格取得使用服務的權利。

以下舉例說明。

1.某位使用者使用每月一千次串流服務與一百首套裝下載服務時：

使用一千次串流之串流傳輸使用費用為0.7韓圜×一〇〇〇次＝七〇〇韓圜，串流與下載結合時，適用五成優惠，因而所產生之無限串流的傳輸使用費用為三五〇韓圜。使用一百首套裝下載時，每首單價為二四．五韓圜則會產生二四五〇韓圜的傳輸使用費用，合計為二千八百韓圜的傳輸使用費用。通常傳輸使用費用是賣出額的10％，因而可以得知該服務之收入為一萬八千韓圜，但是使用一百首套裝下載商品券的使用者並不會完整下載完一百首，因而一般線上音樂服務提供網站該項商品的販賣價格多落於二萬四千韓圜。

2.某位使用者使用每月一千次串流服務與一百首時間制型下載服務時：

使用一千次串流之串流傳輸使用費為0.7韓圜×一千次＝七百韓圜，串流與下載結合時，適用五成優惠，因而無線串流的傳輸使用費用為三五〇韓圜。使用一百首套裝下載時，每首單價為九．三一韓圜則會產生九三一韓圜的傳輸使用費用，合計為一二八一韓圜（三五〇韓圜＋九三一韓圜）的傳輸使用費用。通常傳輸使用費用是賣出額的10％，因而可以得知該服務之收入為一二八一〇韓圜，但是使用一百首套裝時間制下載商品券的使用者並不會完整下載完一百首，因而一般線上音樂服務提供網站販賣價格多落於一萬韓圜。

(4)網站背景音樂服務

部落格或是咖啡（Café）[31]所使用的背景音樂服務，在CyWorld[32]盛行的時候，是商業音樂最輝煌的一個項目，但現今已不如以往。網站背景音樂傳輸使用費用依據下列兩個計算公式選擇較高的收費。

傳輸使用費用＝每首25韓圜×販賣次數×音樂著作物管理比率×優惠折價率（六個月以下之時間制型時，為0.9）

傳輸使用費用＝賣出額×5％×音樂著作物管理比率×優惠折價率（六個月以下之時間制型時，為0.9）

---

31 譯註：韓國最大入口網站（www.naver.com）下經營之類似部落格之項目，名稱為「Café（section.cafe.naver.com）」，一般稱為「咖啡（Café）」。

32 譯註：CyWorld 是目前韓國最大的線上虛擬社區，成立於一九九九年，屬於SK電信旗下的一個子公司。CyWorld 曾經是韓國最受歡迎的社群交友網站，會員數超過一八〇〇萬人，佔韓國人口的三分之一以上，Cy 的韓文意思是「我們之間的關係」，會員需要以真名申請，會員身處虛擬世界，擁有自己的虛擬化身（avatar），還有個人小房間（Minihompy）。使用虛擬貨幣 dotori（韓國稱為栗子，台灣稱為松果），可以買沙發、衣服等虛擬裝飾品，這些裝飾品可用來裝飾個人網頁。CyWorld 最大的特點是分享，可讓好友來參觀個人小房間。CyWorld 的大部分收入就來自於這些虛擬商品。

(5)節目再次傳輸服務

音樂專門廣播放送著作物（AOD）之再傳輸時，也是需要給付傳輸使用費用。初次播放時，給付播放使用費用，而已經結束的播放節目在網路上再次收聽或是收看時，也是需要給付播放使用費用。

1.有使用費、廣告費：

傳輸使用費＝賣出額×音樂使用費率（2.5％）×音樂著作物管理比率

2.沒有使用費、廣告費：

傳輸使用費＝月定額六十韓圜×使用者數×音樂著作物管理比率

但是，如果使用第一種有使用費、廣告費之計算方式，比起第二項計算方式還少時，則適用第二個計算方式的金額。

不僅廣播播放著作物，電視播放著作物（VOD）也是需要給付傳輸使用費用，與廣播播放著作物適用同一計算方式，只是會減半處理，這是因為電視播放著作物同時擁有影像與音樂，所以音樂使用比率需要減少50％。

依據上述計算方式，許多音樂網站與服務公司收取著作權費用，扣除音樂著作權協會之手續費（9％以內）後，會以服務公司提出之每日數據為基準分配給予著作權人。服務公司會知道使用者多常聽哪首歌，並且會儲存於公司內部數據資料中。當然，使用者越常聽的音樂其排名就會越高，而該首歌曲擠進排行榜越久，著作權人收取的著作權費用就會越多。

⊙數位音源傳輸（網站音樂）使用費用

前述的著作權種類中，包含著作財產權的數位音源傳輸權。網路播放與賣場播放的賣場音樂服務，皆需要給付著作物使用之費用。區分為以音樂為中心之使用，以及不是以使用音樂為中心的情況，不是以音樂為中心的情況，則是依據下列計算方式費用之一半（1／2）為所需繳納之使用費。

(1)有使用費（資訊費）、廣告費之情況：

與網路電視台AfreecaTV同樣的個人電視台，可以選擇下列兩個方式之較高金額：

1. 數位音源傳輸使用費用＝月定額75韓圜×加入者數×音樂著作物管理比率
2. 數位音源傳輸使用費用＝賣出額×音樂使用費率（2.5％）×音樂著作物管理比率

而賣場音樂服務也是採用類似的方式，月定額費用與音樂使用費率有些微不同：

1. 數位音源傳輸使用費用＝月定額80韓圜×加入者數×音樂著作物管理比率
2. 數位音源傳輸使用費用＝賣出額×音樂使用費率（4％）×音樂著作物管理比率

(2)沒有使用費（資訊費）、廣告費之情況：

數位音源傳輸使用費用＝月定額60韓圜×加入者數×音樂著作物管理比率

依據上述計算方式，許多音樂網站與服務公司收取著作權費用，扣除音樂著作權協會之手續費（十二．五％以內）後，會以服務公司提出之每日數據為基準分配給予著作權人。

重製與分配使用費用

重製就如同前述之CD、DVD等將原本的音樂複製置入CD、DVD，以及上傳於網路提供下載之意。分配就是將其以有形、無形的方式提供音樂給大眾，並廣為流傳。一般線上複製是不需特別給付複製使用費用，而是將複製與分配綁在一起計算。收取CD與DVD的複製使用費用時，音樂著作權協會會於CD與DVD上貼上「印花」，因而通稱為「印花稅」。

(1)唱片（錄音卡帶、CD）

重製使用費用＝出貨價格×音樂使用費率（9％）×（認可曲數／收錄曲數）×製作數量×優惠折扣率

出貨價格係指從物流到中小盤商出貨的價格而言，一般稱為中盤價格。小盤商交易價格為七到八千韓圜的情況，出貨價格則為四到五千韓圜左右，小盤商交易價格為一萬韓圜時，出貨價格則為七到八千韓圜，通常還會依據專輯樣式不同而有價格差異。認可曲數則是韓國音樂著作權協會登記之歌曲數。舉例說明，當一張專輯十首歌中，有一首歌不是登記在音樂著作權協會時，則需乘以〇．九的方式，優惠折扣率則需考量專輯是否退貨、庫存、廢棄來決定折扣比率，方可決定與製作人之間的互惠協議。

依據上述計算方式，經紀公司收取著作權費用，扣除音樂著作權協會之手續費（9%以內）後，會以專輯曲目列表為基準分配給予著作權人。

(2)影片（DVD）

音樂錄影帶或是公演收錄等的影像著作物，屬於以音樂為主的著作物，因而不採用音樂使用費率之唱片方式計算費用，而是用複製使用費用方式計算。

重製使用費用＝出貨價格×音樂使用費率（7%）×（認可曲數／收錄曲數）×製作數量×優惠折扣率

但是，紀錄片、連續劇、通識、時事、趣味節目等，音樂著作物之使用屬於附屬搭配使用，所以採用較便宜的複製使用費用計算，追加計算總播放時間之音樂著作物使用時間。

重製使用費用＝出貨價格×5%×（認可曲數／收錄曲數）×（音樂著作物合計使用時間／總播放時間）×製作數量×優惠折扣率

依據上述計算方式，經紀公司收取著作權費用，扣除音樂著作權協會之手續費（9%以

內）後，會以專輯曲目列表為基準分配給予著作權人。

(3) 伴唱機

練歌房或是娛樂酒館所使用的伴唱機，因為是將原本音樂複製儲存於機器，故也屬於複製儲存的情況。伴唱機之複製使用費用合計新曲使用費用與伴唱機分配之使用費用如下：

新曲使用費用＝每曲單價（新曲出貨價格×9%除以收錄曲數）×使用管理曲數×販賣數量

新曲出貨價格是伴唱機業者販賣給中盤商的新曲價格，以二〇一四年為基準，每月提供一四〇幾曲新曲費用為九〇〇〇韓圜（依據二〇一四年三月 TJ MEDIA 事業報告為基準）。如果當月新曲為一四〇首時，每首單價為「九〇〇〇韓圜×9%除以一四〇」約5.8韓圜。

依據上述計算方式，各伴唱機製作商收取著作權費用，扣除音樂著作權協會之手續費（9%以內）後，會以新曲列表為基準分配給予著作權人。如果沒有新曲，則不需分配著作權費用。

(4) 電影影像物、廣告音樂

電影或是電視、廣播廣告使用音樂時，需要依據音樂的重製給付使用費用。不論是利用膠捲式或是數位的影像裝置重製音樂，皆適用重製權。

前述提及的著作權中的著作人格權與著作財產權，而著作人格權是不能讓與他人，為專屬著作人的權利。而著作財產權目前則是集合音樂著作權人共同委託韓國音樂著作權協會管理的情況。

電影或是廣告使用音樂時，多半都會基於產業或是政治上的需求做些微調整，為了不侵害作品完整性，需要獲得著作人格權以及著作財產權之同意。著作人格權需要著作人許可，著作財產權需要提出協會要求的資料以及繳納使用費用，然而並非繳交費用給協會就可以使用，如同協會的「使用許可申請書」中明示「協會對於音樂使用相關之著作人格權侵害糾紛發生之情況，不負任何責任」一般，協會在假定已獲得著作權人之著作人格權之許可下，收取下列重製使用費用。

那麼，著作人格權之許可需要支付多少費用呢？目前沒有一定的價格，單看著作權人的風格與傾向，最貴的情況可能會達到一首數千萬韓圜，然而如果喜歡該部電影或是電影宗旨，抑或是喜歡導演、電影內容等因素也可能會免費許可其使用。也有些著作人是為了想提供更多人更多的感動而創作音樂、有人則是希望自己的音樂可以廣為人知等等的不同因素。但是，若本人創作的歌曲不是用在原本期望的地方時，就可能要支付較多的代價才能

依據使用量	五秒以上 未滿一分鐘	一分鐘以上 未滿五分鐘	五分鐘以上
一般商業電影	100 萬韓圜	200 萬韓圜	300 萬韓圜
低預算獨立電影 （純製作費用不滿四億韓圜）	20 萬韓圜	40 萬韓圜	60 萬韓圜
電影節出品	4 萬韓圜	8 萬韓圜	12 萬韓圜

表 4-15 韓國音樂著作權協會 電影音樂複製使用費用

取得許可。

廣告以及電影也一樣，要使用音樂的話，需要獲得著作人之著作人格權許可，以及著作權委託團體之協會支付著作財產權費用。然而與電影插入之音樂不同，廣告中所使用的音樂可能是用於販賣之產品或是服務，所以著作權人應當更仔細考量。因為一旦出錯，原曲給予大眾的感受與其原有形象就會消失殆盡，而廣告所使用的音樂著作物也會跟著消失。且，比起電影插入之音樂，廣告特性上是屬於多數人可以看見，也具有強烈的擴散效果。從另一個角度來看，音樂的生命力不僅長，同時也是廣告不可缺少的一環，所以往後要思考自由商業音樂在這部分的開創可能性。因此，三星或是現代等大企業會與有能力之著作權人、歌手藝人聯手，宣傳廣告的同時也創作具有作品性的音樂、企圖流通於市場的情況。往後這樣的合作案亦會持續進行。與廣告相關的著作財產權基準如下。

超過十二個月的情況，需要支付十二個月的使用費用與超過十二個月的月分數使用費用之80%的費用。舉例說明，

（單位：萬韓圜）

類別	地上波電視	廣播	有線電視	網路	劇場	其他
未滿一個月	150	100	100	30	30	50
未滿三個月	250	150	150	50	50	100
未滿六個月	350	250	250	70	70	125
未滿九個月	450	350	350	80	80	150
未滿十二個月	550	450	450	100	100	170

表 4-16 韓國音樂著作權協會　廣告音樂複製使用費用

地上波電視使用十五個月時，十二個月的使用費用五五〇萬韓圜與超過之三個月的金額二五〇萬韓圜的80%，總共需要支付七五〇萬韓圜之廣告音樂複製使用費用。再者，若是作為公益用途時，上述金額減半支付。同樣的，著作人格權亦需要額外獲得著作權人許可。

依據上述計算方式，各電影公司或廣告經紀公司收取著作權費用，扣除音樂著作權協會之手續費（電影十四．五%、廣告14%）後，會以使用曲目列表為基準分配給予著作權人。

(5)電影音樂公演使用費用

電影插入音樂的情況，有項無法解決的議題就是「電影音樂公演使用費用」。前述的製作伴唱機要給付複製使用費用、練歌房要給付公演使用費用。同樣的，音樂著作權協會主張[33]電影製作人製作電影需要給付複製使用費用、播放電影的電影院需要給付公演使用費用。但是電影院營運方（CJ E&M、CJ CGV、樂天cinema、樂天娛樂、megabox、N.E.W）與六個協會（韓國電影製作人協會、韓國電影製作組合、韓國影像產業協會、韓國劇場協會、韓國獨立電影協會、CPN（Cinema Contents Provider Network））一同組成之「電影音樂著作權對策委員會」中

33 主張萬一電影製作人不給付時，電影院營運方需要給付。

明定「影像著作物特例條款」為依據主張[34]電影中使用之音樂，應依據初期複製與公演使用費用給付。兩方主張簡單說明如下：

〈音樂著作權協會公演使用費用算式〉

公演使用費用＝觀眾數×平均票房收入×〇・九七（扣除電影發展補助3％）×音樂使用費率

音樂使用費率細分為五秒以上未滿一分鐘時為〇・〇六％、一分鐘以上未滿五分鐘時為0.1％、五分鐘以上時為0.2％。（計算時0.1％為〇・〇〇一，不這樣計算的話，協會會承受收受暴利之誤解，需要注意。50％就是0.5）。

〈電影音樂著作權對策委員會公演使用費用算式〉

公演使用費用＝三〇〇萬韓圜＋（每場使用歌曲單價一三五〇〇韓圜×開演首日上映數），但是純製作費用低於10億韓圜者，給付金額為上述之十分之一。

兩方認同需要給付音樂公演使用費用，但是音樂著作權協會主張需要依據觀眾人數來計算著作權費用，亦即計量制度。而電影界則是主張以開演首日的上映數為準，計算固定金額一次給付的計算方式。

用實際數字來計算能夠得知兩種算式的差異：

假設A電影使用〈真的很愛你〉一曲一分三十秒，首日上映數為三百間（以二〇一一年為基準，平均開演當日上映劇場數為三一六間）平均票房收入為一萬韓圜、觀眾人數一百萬名。

音樂著作權協會公演使用費用＝一百萬（觀眾人數）×一萬（平均票房收入）×〇・九六×〇・〇〇一＝九六〇萬（韓圜）

電影界公演使用費用＝三百萬＋（一三五〇〇每場使用歌曲單價×三〇〇開演首日上映數）＝七〇五萬（韓圜）

單看數值其實沒有差很多，但是考量到目前電影產業的發展，每年都會有一兩部破千萬名觀眾的電影，就不得不考慮到計算方式不同可能會產生不同的公演使用費用。

以上，我們透過法律、社會爭論來整理相關議題，但是，在音樂不能收取其價值的現況基準之下，有必要建立「內容販賣價格分配」的原則，方可有合理的公演使用費用。音樂產業與電影產業同樣遭受非法市場的因素，因而是共同辛苦的打擊非法的同志，往後也會是同伴者的關係。

此外，不論在什麼地方使用音樂皆須支付一定價格，著作權人本人亦須注意該著作物使用的地方以及其用途，同時也需要知道有多廣泛的被使用。因為使用者也較過往更方便有效率的使用音樂之故，因而需要在法律許可範圍之內開發新型態的協力模式，以創造更大的收益。

---

34 影像著作物特例條款係指，影像製作人與影像著作物之協力製作約定完成並取得著作權時，若沒有特別約定，該影像著作物之權利自動推定為讓與影像著作人。也就是主張影像製作人支付一定代價給音樂著作權人以取得將音樂使用在電影的權利，所以該影像著作物不需要支付其他追加費用。

音樂著作權費用之著作人分配比率

收取之著作權費用，扣除需要提供給音樂著作權協會之手續費用外，分配給著作權人，而著作權人包含作曲人、作詞人、編曲人等多人在內。如何分配給著作權人，則是依據音樂著作物分配規則，簡單說明如下：

〈著作權人基本比率[35]〉

作曲人＝5／12

作詞人＝5／12

編曲人＝2／12

當然，著作權人在製作會議時會進行相關協議，亦可以依據協議調整比率，並向音樂著作權協會申報即可。舉例來說，作曲人貢獻極大而作詞人只是添上幾句的情況，作曲人9／12、作詞人1／12、編曲人2／12的比率訂定的方式。但是大部分都是依據基本比率分配，萬一沒有編曲人時，作詞人與作曲人就是對半分。

然而，管理手續費用外的著作權費用分配資料因為屬於個人財產，所以無法公開。但是韓國音樂著作權協會第二十二任會長尹明善就任時宣示，追求透明的營運與結算系統，並且約定會長的著作權費用會公開，就任後也確實遵守公開的約定，將其著作權費用公開於官網，讓大眾有機會能夠得知著作權人實際上是以什麼樣的方式獲得著作權費用。更進一步的降低管理手續費並公開收取、分配之會計帳目資料，可視為引導往後著作權人之權益提升以及音樂產業發展的良好開頭。

4 著作權人的展望

根據上述說明，可以看出開頭說的「子女未來第一順位工作＝著作權人」之解答嗎？

生存時收取著作權費用並且保障死後七十年，加上每年會有一二〇〇億韓圜以上的收益，難道不能說作曲人、作詞人、編曲人這幾項職業是非常具有魅力的選擇嗎？其實，這樣說還稍嫌過早，我們先來看看下面的報導：

「依據韓國音樂著作權協會發表之『二〇一三年作曲人收入統計』，朴軫永二〇一三年音樂著作權收入為十三億一千萬韓圜、二〇一三年著作權收入第二名的作曲人趙英秀為九億七三八五萬韓圜、第三名YG製作九億四六七萬韓圜、第四名SM娛樂所屬歌手群之作曲人劉英振為八億三六四八萬韓圜、第五名為BIGBANG G-Dragon的七億九六三二萬韓圜[36]。」

「二〇一二年十月國會文化體育觀光通訊委員會所屬國會議員，李宰榮新世界黨議會根據

35 依據2014.12.31為基準，韓國音樂著作權協會音樂著作物使用費用分配規則。

36〈著作權費用順位『朴軫永掃進口袋的金額…超乎想像』〉，《中央日報》（2014.04.09），http://article.joins.com/news/article/article.asp?total_id=14401656&cloc=ol ink|article|default

韓國音樂著作權協會提供之『著作權費用收取實績』指出，著作權人也具有嚴重的『貧亦貧、富亦富』的現象。屬於著作權收益前段班的50%的會員，每人平均分配之金額於二〇〇九年一四〇八萬韓圜、二〇一〇年一四六九萬韓圜、二〇一一年一六二七萬韓圜，過去三年間收入成長了十五・六%左右。然而，後段班的50%的會員，每人平均分配之金額於二〇〇九年三萬七千韓圜、二〇一〇年三萬二千韓圜、二〇一一年二萬七千韓圜，過去三年間反倒是減少了二五・六%，也就是收入逐年遞減。從上述數據可以看出，前段班與後段班收入差異從二〇〇九年為三七八六倍、二〇一〇年為四五〇・三倍、二〇一一年五八八・二倍，差異有逐年增加的趨勢[37]。」

競爭激烈只有勝者才能獨佔的市場，是票房導向產業也就是娛樂產業明顯的特性之一，相較於20%的人賺走80%的收入的帕雷托法則（Pareto principle），可能還更嚴峻。這樣的市場有其魅力，卻也相對危險，父母想要子女走進這一行就不得不綜合考量子女的個性、風格以及意志力，同時也要考慮好時機、壞時機時該怎麼應對、怎麼做。

沒有辦法成為當紅人氣作曲人，也可以轉換成教育後進的教育者，或是轉往其他商業音樂道路。據此，亦可擴大音樂產業，就像美國職棒大聯盟具有龐大的市場規模一樣，不僅職業棒球選手受益，連帶周邊許多產業都能夠開枝散葉，創造許多商機。

著作權人或是許多夢想成為著作權人之人，可以重複研讀本章內容，才能知道著作物物流、收益的過程，並且知道協會或是其他服務公司是如何提供服務，如何收取、分配，才能夠知道自己的權益並且不會產生不必要之誤會，才能讓創作更有動力。

---

37 林光復〈去年音源著作權收入第一名十四億韓圜，是誰？〉，《The Financial News》（2012.10.08），http://news. fnnews.com/view_news/2012/10/08/201210080100049780003146.html。

5 著作鄰接權[38]

著作鄰接權[39]係指與著作權有非常親密關聯（鄰接）的權利而言。廣義的著作權為與著作物相關之全部權利，包含著作權人與著作鄰接權人皆在內之概念。狹義的著作權即是排除著作鄰接權，僅說明著作權人之權利，一般很容易混淆，我們以圖4-4來說明。

著作鄰接權人

創作音樂的作曲人、作詞人、編曲人一同完成

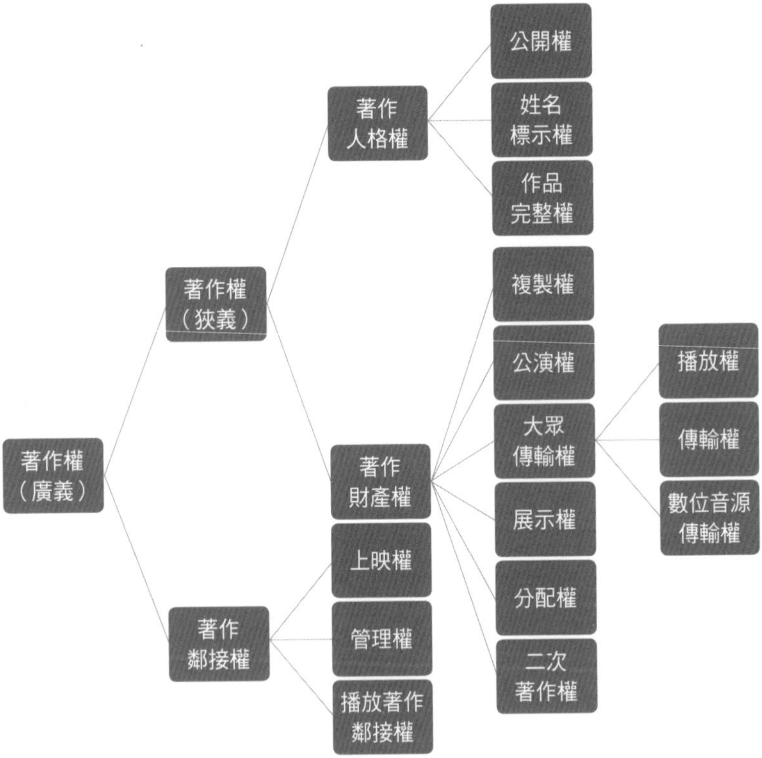

- 著作權（廣義）
  - 著作權（狹義）
    - 著作人格權
      - 公開權
      - 姓名標示權
      - 作品完整權
    - 著作財產權
      - 複製權
      - 公演權
      - 大眾傳輸權
        - 播放權
        - 傳輸權
        - 數位音源傳輸權
      - 展示權
      - 分配權
      - 二次著作權
  - 著作鄰接權
    - 上映權
    - 管理權
    - 播放著作鄰接權

圖4-4 綜合著作權分類

的音樂著作物，需要資本投入與將創意傳遞給大眾的人們，我們稱呼這些人為著作鄰接權人。著作權人創作歌曲，若是沒有歌手藝人或是演奏伴奏人，我們又該如何聽到這些作品呢？實際上，唱片製作人[40]製作唱片時，若沒有資本投入就無法產生出CD、下載、串流等服務。而若沒有電視事業投資者，就沒有宣傳音樂的管道，因而我們需要更具體的來探討著作鄰接權人。

表演人：著作物演奏、歌唱之表演人士（歌手藝人、演奏人等）。

唱片製作人：將音置入唱片中（包含數位），負責整體企畫製作，一般而言是指經紀公司。

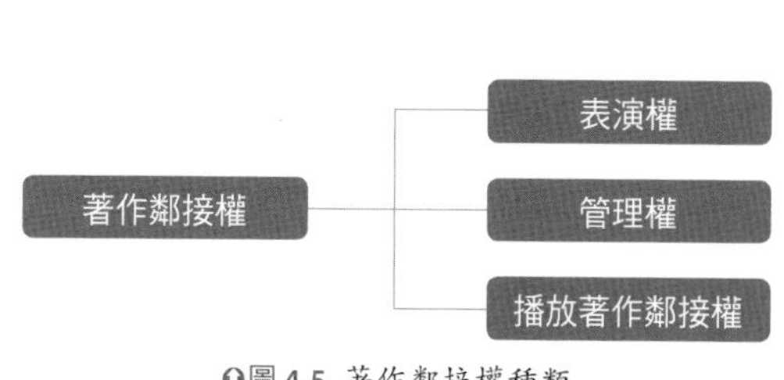

圖 4-5 著作鄰接權種類

38 易與著作人格權混淆，著作人格權是保護著作人名譽與人格利益之權利，一般在著作權分類中會區分為著作人格權與著作財產權。

39 譯註：目前台灣關於「著作鄰接權」之規定，尚屬著作權法修正草案研擬階段，詳細可參考經濟部智慧財產局網站 https://www.tipo.gov.tw/lp.asp?CtNode=7644&CtUnit=3743&BaseDSD=7&mp=1。

40 將音置入唱片，為整體唱片企畫負責人之法律用語。不單單是唱片還包含音源在內之唱片製作人。其製作公司、所屬公司通稱為經紀公司，前述第二章「商業音樂用語理解」中有說明過，而在著作鄰接權的章節部分，亦為法律用語，因此依然採用「唱片製作人」。

電視事業者：以播放為業之電視台[41]。

沒有這些人，我們就無法聽到著作權人創作的音樂著作物，著作權法應當與保護著作權人一樣保護著作鄰接權人貢獻之權利。而其範圍相較於著作權來說，限縮在較小的範圍內。著作鄰接權也像著作權一樣具有較長的保護期間，表演人部分，從其表演之隔年開始起算七十年、唱片製作人則是唱片發行之隔年開始起算七十年的時間內受保護。

接著要更進一步探討著作鄰接權人之權利。

著作鄰接權之種類與意義

著作鄰接權分別指歌手藝人之表演權、唱片製作人之管理權、電視事業者之播放著作鄰接權三種。

但是，一般給付唱片製作人之權利使用費用包含著作鄰接權費用與鄰接權費用，嚴格說來這是錯誤的，因為著作鄰接權費用應當是給付所有著作鄰接權人之權利使用費，也就是著作鄰接權費用給付對象，除了唱片製作人外，還需要包含表演人以及電視事業者。因而本書為減少混淆，統一將給予唱片製作人之著作鄰接權稱為管理權，而其所需要支付之使用費稱為管理權費用。著作鄰接權費用則是包含表演權費用、管理權費用以及播放著作鄰接權費用[42]之意。

(1)表演權之著作人格權與著作財產權

不論是聽歌或是唱歌，通常都會令人聯想到歌手藝人，而與歌手藝人一樣，演奏人也具有著作鄰接權之表演權。這些人與著作權人受保護的權利相同，也是具有人格權與財產權。

1. 表演權人之著作人格權

「著作權之種類與意義」中提及著作權人擁有公開權、姓名標示權、作品完整權。同樣的，表演權人亦擁有公開權之外的姓名標示權、作品完整權。也就是公開與否雖專屬著作權人，但是姓名標示與作品完整等著作權人之權利，表演權人也享有該權利。當介紹一首歌曲時，不只會介紹歌曲名稱也同時會標示歌手名，如果不這樣做會違反著作權法，同樣的表演權人也需要標示。因而提供音樂服務之網站，除了著作權人姓名標示之外，著作鄰接權之表演人的名字亦會一同標示，並以此為根據顯示表演人亦有該權利，得以分配表演權費用。

那麼，為什麼伴唱機只有呈現作詞、作曲人的名字呢？這是因為練歌房機器中的音樂表演並非由表演人提供，練歌房機器製造商也不需要另外製作。也就是表演人僅擁有已發表之歌曲曲目的著作鄰接權，因而練歌房不需要標示表演人。然而為了快速找到想唱的歌曲，或區分同

41 Database製作人也屬於著作鄰接權之列，但由於其在商業音樂中沒有負責部分，因而不探討。
42 播放著作鄰接權費用是電視台之收入，不屬於商業音樂的範疇。

曲名之歌曲，會標示歌手名，但並非具有著作權法上之標示義務。

2.表演權人之著作財產權

給予著作權人之著作財產權，表演人亦同樣適用，因而著作權中所探討之重製權、傳輸權、公演權、播放權，表演人也都擁有該權利。

表演權人可以依據重製權、傳輸權許可或是禁止該音樂使用，但是製作唱片、音源的情況，一旦表演人提供許可之音樂，對於傳輸、重製、分配權就會有所限制。與其說是表演權人的權利受到限制，倒不如說是保護唱片製作人權利的意義更大。舉例說明，唱片製作人獲得表演權人許可製作唱片並販賣唱片，如果表演權人禁止音樂販賣使用時，唱片製作人會出現莫大損失。

表演權人沒有公演權以及播放權之禁止使用的權利，但是具有要求收取使用補償費用之權利，這是為了保護電視事業者而訂定的。舉例來說，經由表演者許可之公演或是影像透過播放傳遞，而表演權人若突然要求禁止播出，在電視產業中是不可行的行為。然而表演權人可以在播放前與電視台以契約的方式，約定該公演或是表演可以播放的範圍（允許及時播放，但是禁止透過網路播放之ＶＯＤ行為）來抑制無止盡播放的可能。

由於個別管理著作權人的權利較困難，因而出現韓國音樂著作權協會，而表演權人亦有「韓國音樂表演人聯合會（http://www.fkmp.kr）」統籌管理。

(2)管理權之著作人格權與著作財產權

音樂製作需要一定規模的資本投入。當然也是有較低廉的方式製作音樂，特別是現今電腦技術發達，相較於過往音樂製作的費用減少許多也是事實。但是發掘歌手藝人與音樂製作依然需要耗費較多資本，因而對於投資之唱片製作人亦需給予著作鄰接權。

唱片製作人與表演權人擁有相似的權利，唯一不一樣的是，表演權人擁有著作人格權，而唱片製作人沒有這項權利。重製權與分配權、租借權、傳輸權、販賣用唱片播放補償請求權、數位音源傳輸補償請求權、販賣用唱片公播補償請求權皆與表演權人相同。

一般業界稱為管理權（master rights）或是圓盤權，也就是唱片製作人持有母帶原本CD並具有使用權利之意。也就是若要使用該專輯收錄之歌曲，除了需要著作權人許可外，亦需要唱片製作人許可。而唱片製作人的角色，通常會由經紀公司代為執行，因此管理權許可亦需向經紀公司詢問。

唱片製作人擁有的權利中，重製、分配、傳輸權通常委託代理仲介業（LOEN 娛樂、CJ E&M 等）或是著作鄰接物委託之集管團體[43]（韓國唱片產業協會）負責物流。唱片製作人集中於製作專輯、代理仲介業或是委託機關擔任音樂使用的地方、收取、分配使用費的角色。

43 譯註：此處韓國唱片產業協會亦屬於集管團體，因而譯文中採用我國用語「集管團體」。

著作權費用是韓國音樂著作權協會、表演權費用是韓國音樂表演人聯合會[44]負責，相較起來，唱片製作人之管理權費無法有單一管理機關，其原因與音樂產業歷史有關係。過往唱片製作人規模較小，商業型態也較不穩定，專輯製作時都需要物流公司（大型唱片公司）投資大量資本。物流公司投資相關設備，因而皆會代為執行（代理仲介）唱片製作人之著作鄰接權並收取手續費用，對於唱片製作人與物流公司都是獲益的一面。因而到目前為止皆由物流公司代行著作鄰接權，近來因為股票上漲、大規模資本投資之故，唱片製作人個別開設代理仲介業，透過垂直整合生產與物流，獲得最大利益。

物流公司代替唱片製作人執行傳輸權、重製權，從服務公司收取管理權費，扣除流通手續費之後，給付唱片製作人。而補償金額部分，則是韓國唱片產業協會收取之後，扣除手續費用分配給唱片製作人。

這裡就需要知道表演權費用與管理權費用如何收取以及分配。

收取與分配表演權費用

(1)表演權人委託使用費

委託使用費係指表演人之傳輸權、重製權使用之使用費。

傳輸權以及複製權係屬表演人排他的權利，因而使用前須向韓國音樂表演人聯合會申請使用許可。

1. 傳輸使用費

線上音樂網站將音樂傳達給使用者時，不僅需要著作權人傳輸權，也包含表演權人之傳輸權，因而該服務的收益亦需要支付給予表演權人。

韓國著作權委員會[45]為傳輸權使用許可之便利性，採用數位著作權交易所[46]方式，使用人可以透過數位著作權交易所網站，提出音樂著作物使用申請書，而韓國音樂表演人聯合會經過核可程序之後，使用者方可使用該音樂著作物。但是，重製權的使用，就需要親自到韓國音樂表演人聯合會提出使用許可申請書並獲得許可的方式進行。

表演權傳輸使用費規則大致與著作權傳輸使用費相似，一般約為著作權之六成。下面為傳輸使用費最具代表之串流、下載的費用收取內容。

〈計量型串流服務〉

單次串流賣出額為十四韓圜，著作權費用為1.4韓圜（＝14韓圜×10%）、表演權費用為

44 譯註：한국음악실연자연합회 www.fkmp.kr。

45 譯註：한국저작권위원회 www.copyright.or.kr。

46 譯註：디지털저작권거래소 www.kdce.or.kr。其管理單位為韓國著作權委員會，管理音樂等數位著作權交易。

○．八四韓圜（14韓圜×6%），以單曲單價計算給付表演權費用。

傳輸使用費＝○．八四韓圜（每曲單價）×使用次數

〈定額型無限串流服務〉

每個月支付一定金額即可無限使用串流服務，會比計量型串流省下五成的費用，每曲單價以○．四二韓圜（○．八四韓圜×50%）計算。並選擇以下兩種計算方式中較高金額支付。

傳輸使用費＝○．四二韓圜（每曲單價）×使用次數

傳輸使用費＝賣出額×6%×音樂著作物管理比率[47]

〈計量型下載服務〉

單一MP3音樂檔案下載時，消費者支付七百韓圜，著作權費用為消費者支付之10%，也就是七十韓圜，而表演權費用為消費者支付之6%，也就是四十二韓圜（＝七○○韓圜×6%）。

傳輸使用費＝四十二韓圜（每曲單價）×下載次數

〈套裝下載服務〉

三十首以上下載時，可獲得較計量制下載每曲單價之五成的優惠折扣，因為每曲單價下降為二十一韓圜。一百首以上時，則每曲單價下降至每曲一四．七韓圜（＝42韓圜×50%）。三十首與一百首之間，每多下載一首，就會比前一首多獲得1%的優惠折扣。

（三十首）傳輸使用費＝21韓圜（每曲單價）×下載次數

（一百首以上）傳輸使用費＝十四・七韓圜（每曲單價）×下載次數

〈時間制型下載服務〉

使用者需要每月定期延續，方可收聽音樂檔案之無限下載的服務。適用套裝下載每曲單價之38％，下載三十首時即從二一韓圜下降至七・九八韓圜（＝21韓圜×38％）、下載一百首以上時，從十四・七韓圜下降至五・五八六韓圜（＝14韓圜×38％）。三十首與一百首之間，每追加下載一首會比前一首多獲得百分之一的優惠折扣。

（三十首）傳輸使用費＝七・九八韓圜（每曲單價）×下載次數

（一百首以上）傳輸使用費＝五・五八六韓圜（每曲單價）×下載次數

〈組合商品（串流＋下載）〉

串流服務與套裝下載以及時間制下載一同使用之組合商品，

依據使用量	五秒以上 未滿一分鐘	一分鐘以上 未滿五分鐘	五分鐘以上
一般商業電影	100 萬韓圜	200 萬韓圜	300 萬韓圜
低預算獨立電影 （純製作費用不滿四億韓圜）	20 萬韓圜	40 萬韓圜	60 萬韓圜
電影節出品	4 萬韓圜	8 萬韓圜	12 萬韓圜

⓫表 4-17　韓國音樂表演人聯合會 電影音樂複製使用費用

47 韓國音樂表演人聯合會之音樂著作物管理比率推定有70％，但是會依據結算時間或服務而有所不同。

會比無限串流使用費用多五成的優惠折扣。

〈背景音樂服務〉

下列兩種計算方式中選擇金額較高收取表演權費用：

每曲十二．五韓圜×販賣次數×音樂著作物管理比率×優惠折扣率（時間限定於六個月以下為〇．九）

賣出額×2.5%×音樂著作物管理比率×優惠折扣率（時間限定於六個月以下為〇．九）

〈播放物再次傳輸服務〉

下列兩種計算方式中選擇金額較高收取表演權費用：

賣出額×音樂使用費率（一．二五%）×音樂著作物管理比率

每月定額三十韓圜×使用者數×音樂著作物管理比率

2.重製使用費

複製是將音樂放進電影、廣告、UCC等影像中，或是MV、公演收錄等影像著作物有使用音樂的情況，皆屬於表演人權利使用費之一。

下列是電影、廣告欲使用音樂時，須向韓國音樂表演人

（單位：萬韓圜）

類別	地上波電視	廣播	有線電視	網路	劇場	其他
未滿一個月	75	50	50	15	15	25
未滿三個月	125	75	75	25	25	50
未滿六個月	174	125	125	35	35	62.5
未滿九個月	225	175	175	40	40	75
未滿十二個月	275	225	225	50	50	85

表 4-18 韓國音樂表演人聯合會 廣告音樂複製使用費用

聯合會繳納之重製使用費基準。

MV或是公演收錄的情況，須依據下列計算式支付複製使用費用：

重製使用費＝出貨價格×音樂使用費率（3.5%）×製作數量×優惠折扣率[48]×音樂著作物管理比率

但紀錄片、連續劇、通識節目、時事節目等是將音樂著作物視為附屬使用之影像著作物時，適用下列較低的音樂使用費率，並依據使用時間之比率收取複製使用費。

重製使用費＝出貨價格×音樂使用費率（2.5%）×（音樂著作物合計使用時間／總再次播放時間）×著作數量×優惠折扣比率×音樂著作物管理比率

韓國音樂表演人聯合會扣除管理手續費之後，分配給表演權人，但是管理手續費為多少目前並未公開。

(2)表演權人補償請求權

上述所說表演人之傳輸權與複製權之使用，以及對於傳輸與複製有許可或禁止的權利，但是公演權與播放權是不可禁止的，因而具有相關使用之補償請求權，此一補償請求權共有三種

48 優惠折扣率係指製作、販賣過程中預先考慮換貨、庫存、廢棄之可能而訂定的優惠比率，會與製作人以協議方式訂定。

方式。

1. 販賣用唱片播放補償請求權

唱片區分為個人用與家庭用販賣，電視事業者使用之唱片多半為營業用，視為二次使用。電視事業者將表演錄音後使用於唱片販賣並播放之情況，需要給付該表演人販賣用唱片播放補償費用。補償請求權是因為表演人不可禁止該音樂使用，因而產生之權利。

補償金計算方式如下：

播放補償金＝賣出額×音樂使用費率×調整係數

韓國音樂表演人聯合會認為補償請求權具有排他效力，不同電視台與頻道的音樂使用費率與調整係數就不同，但並不公開相關數據。

韓國音樂表演人聯合會所收取之管理手續費約在20%以內，扣除這部分手續費之後分配給表演權人。

2. 數位音源傳輸補償請求權

如同前文探討的著作權種類中，在「傳輸」與「播放」之間尚有「數位音源傳輸」的概念。數位音源傳輸也是屬於表演人無法禁止之音樂使用，因而對於此一使用具有補償請求權。

補償金計算方式如下：

數位音源傳輸補償金＝賣出額×音樂使用費率×調整係數

與販賣用唱片播放補償金一樣，音樂使用費率與調整係數皆不公開，韓國音樂表演人聯合會扣除20%以內的管理手續費用之後分配給予表演權人。

3.販賣用唱片公播補償請求權

公播補償金係指在一般營業場所等限定空間，播放音樂供大眾收聽的行為（公播行為），該營業場所需要給付音樂表演人（歌手、演奏人）補償金。同樣也是因為表演人無禁止之權利因而需要有相對補償請求權。補償金計算方式如下：

公播補償金＝賣出額×音樂使用費率×調整係數

如同前兩項請求權，販賣用唱片公播補償請求權之音樂使用費率與調整係數亦為不公開，韓國音樂表演人聯合會收取35%以內之手續費用後分配給表演權人。販賣用唱片播放補償金與數位音源傳輸補償金，是依據電視台與服務公司相關資料、腳本單、每日數據收取，而販賣用唱片公播補償金是需要依據個別營業場所管理，所以管理手續費相對較高。

(3)表演權費用之表演人分配比率

單首歌多半有許多表演人共同參與，因而依據下列區分表演人並且分配表演權費用。

主要表演人：聲樂家、歌手藝人、演奏人中擔任該表演重要角色之表演人

次要表演人：樂團、合唱團團員或是伴奏聲樂家、歌手、演奏人[49]

49 一般大眾音樂中較少出現依據指揮演奏的情況，因而本書不討論指揮家。

一般歌曲演唱時，負責唱歌的歌手藝人為主要表演人，伴奏者為次要表演人。因而一首歌由主要與次要表演人各一半的方式，分配表演權之分配比率。但是主要以及次要表演人如果有多人，則是依據參與表演之人數比例分配。

舉例說明，A歌手藝人演唱〈真的很愛你〉這首歌，總共有B、C、D、E、F五位伴奏時，A是主要表演人可獲取該曲表演權費用之50%，而五名次要表演人則是平均分享屬於次要表演人之50%，也就是每個人分配到10%的表演權費用。近年來常見之客串[50]（featuring）參與的情況，客串表演者亦屬於主要表演人，亦即視為共同表演人，因而與主要表演人共同分享表演權費用。再者，有主唱的樂團，主唱與樂團皆為主要表演人，即共同表演人。

接著，要針對鄰接權人中的唱片製作人之管理權費用收取與分配進行說明。

收取與分配管理權費用

著作鄰接權人之唱片製作人具有傳輸權與複製權、販賣用唱片播放補償請求權、數位音源傳輸補償請求權、販賣用公播補償請求權。一般而言，唱片製作人之傳輸權與複製權是全權交由代理仲介業或是委託管理機關，並不直接領取管理權費用。代理仲介業或是委託管理機關代為收取管理權費用，扣除手續費之後支付給唱片製作人，而補償金則是直接領取。

(1)唱片製作人傳輸使用費用

傳輸部分的費率大致依據下列說明，然而每間代理仲介業都有所不同，因而簽約時需要確認費率為何。但是相較於著作權費用是販賣價格之10％、表演權費用是販賣價格6％決定，管理權費用在串流情況下是販賣價格的44％、下載的情況下是54％的範圍內訂定。

1.串流服務

〈計量型串流服務〉

串流每一次賣出會產生十四韓圜的費用，著作權費用則是訂為1.4韓圜（＝14韓圜×10％）、表演權費用為六．一六韓圜（＝14韓圜×44％）。因而，計量制串流服務之管理權傳輸使用費用計算公式如下：

傳輸使用費＝六．一六韓圜（每曲單價）×使用次數

〈定額制型無限串流服務〉

每個月使用無限串流之服務，可以獲得較計量型串流服務每曲單價之五成的優惠折扣，因而管理權費用會下降至三．〇八韓圜。

下列兩種計算方式中選擇金額較高的為管理權傳輸使用費用。

50 不是歌曲的原唱，而是其他歌手演唱特定段落之歌詞。

傳輸使用費用＝三・〇八韓圜（每曲單價）×使用次數

傳輸使用費用＝賣出額×44％×該音樂使用比率[51]

2.下載服務

〈計量型下載服務〉

MP3音樂檔案下載，每曲賣出額為七百韓圜，從中訂定每曲單價著作權費用為七十韓圜（＝七〇〇韓圜×10％）、表演權費用為42韓圜（＝七〇〇韓圜×6％）、管理權費用為二三七八韓圜（＝七〇〇韓圜×54％）。下載（44％）的每曲單價略高於串流（54％）的每曲單價，是因為提供下載服務的服務公司支出金額較少，因而管理權的費率較高之故。

傳輸使用費＝三七八韓圜（每曲單價）×下載次數

〈套裝下載服務〉

三十首以上下載時，較計量型下載服務每曲便宜五成，因而每曲單價下降至一三二～一八〇韓圜。一百首以上下載時，相較於三十首下載便宜五成，每曲單價下降至六六～九〇韓圜。三十首到一百首之間每追加一首就會比前一首便宜1％。

（三十首）傳輸使用費＝一八九韓圜（每曲單價）×下載次數

（一百首以上）傳輸使用費＝一三二・三韓圜（每曲單價）×下載次數

〈時間制型下載服務〉

需要每個月延長使用，才可以享受無限下載聽取音樂檔案，為套裝下載服務每曲單價之

38%，下載三十首時每曲單價下降至七一．八二韓圜（＝一八九韓圜×38%）、一百首下載時每曲單價下降至五〇．二七四韓圜（＝一三二．三韓圜×38%）。三十首至一百首之間每追加一首就會比前一首便宜1%。

（三十首）傳輸使用費＝七一．八二韓圜（每曲單價）×下載次數

（一百首以上）傳輸使用費＝五〇．二七四韓圜（每曲單價）×下載次數

〈組合商品（串流＋下載）〉

串流服務、套裝下載以及時間制下載組合使用時，相較於無限串流服務使用費用，可享有五成的優惠折扣。

〈背景音樂服務〉

下面兩種計算方式中選擇較高金額收取管理權費用。

每曲單價×販賣次數×音樂著作物管理比率×優惠折扣率（時間限定於六個月以下為〇．九）

賣出額×音樂使用費率（30%～50%）×音樂著作物管理比率×優惠折扣率（時間限定於六個月以下為〇．九）

每曲單價在唱片製作人與物流公司分別有不同基準。代理中介業與委託管理機關從服務公

51　該唱片製作人持有之管理權中，該音樂使用之比率。

司收取依據上述計算之權利使用費用，扣除物流公司手續費用15%～25%之後，支付給唱片製作人。

(2)唱片製作人複製使用費

如同電影、廣告使用音樂需要獲得著作權人與表演人之許可，同時也需要唱片製作人之許可。這邊並沒有確實的複製使用費用，會依據是否為人氣歌曲或是新曲而定，一般而言，會與著作權費用採用相同的基準。

(3)唱片製作人補償請求權

唱片製作人不得禁止播放、數位音源傳輸以及公播音樂的使用，但是對於該使用音樂的情況，享有申請補償金的權利，這部分由韓國唱片產業協會統籌管理收取與分配。

1. 販賣用唱片播放補償請求權

播放補償金＝賣出額×音樂使用費率×調整係數

韓國唱片產業協會認為補償請求權具有排他效力，不同電視台與頻道的音樂使用費率與調整係數就不同，但並不公開其數據資料。

韓國唱片產業協會所收取之管理手續費約在29%以內，扣除這部分手續費之後分配給唱片製作人。

2. 數位音源傳輸補償請求權

數位音源傳輸補償金＝賣出額×音樂使用費率×調整係數

與販賣用唱片播放補償金一樣，音樂使用費率與調整係數皆不公開，韓國唱片產業協會扣除28%以內的管理手續費用之後分配給唱片製作人。

3. 販賣用公播補償請求權

公播補償金＝賣出額×音樂使用費率×調整係數

如同前兩項請求權，販賣用唱片公播補償請求權之音樂使用費率與調整係數亦為不公開，韓國唱片產業協會收取35%以內之手續費用後分配給表演權人。

6 整理歸納

1. 著作權基本概念

著作物：表現人們思想、情感之創意的創作物（小說、詩、音樂、演劇、連續劇、雕刻、相片、影像物等）

著作人：創作著作物之人

著作權：保護著作人之名譽、人格與經濟利益之權利

著作權人：擁有著作權之人，著作人之著作權可讓與或是繼承，導致著作人與著作權人不

同的情況

2.著作權的發生與消滅

著作權於著作物創作的那一瞬間自動產生，直到著作人死後七十年接受著作權保護。

3.音樂著作物使用許可

(1)與著作權人直接商議

(2)音樂著作權協會使用許可

(3)法定許可使用

4.著作權適用之例外

學術與藝術發展、公共利益，以及教育、非營利目的之公演、播放等幾項情況，不需著作物許可即可使用。

5.著作物登記有利誘因

(1)著作權登記後具有一定法律推定效果

(2)讓與或是繼承著作權時，可獲得第三人抗辯之權利

(3)可以快速獲得著作權費用之分配

6.著作權保護之理由

如同我們去餐飲店吃東西需要付費一般，著作物的使用也應當支付一定代價，這是資本主義社會很自然的原則。理解音樂著作權與保護著作權，不僅可以保護著作權人，對於社會發展

也具有一定益處。

7.著作權種類

(1)著作人格權：保護著作人之名譽、人格利益之權利。

公布權：著作權人有權利決定是否像一般人公開其著作物。

姓名標示權：著作人有權利將自己的姓名標示於著作物上。

作品完整權：著作人有權利禁止著作物內容不當之改變。

(2)著作財產權：保護著作權人經濟利益所行使之權利。

重製權：許可或是禁止他人複製之權利。

公演權：著作權人有權利決定是否表演自己的歌曲。

大眾傳輸權：傳輸、提供、禁止以有線、無線通訊讓大眾聽到音樂之權利。

播放權：提供大眾可以同時收訊聲音與影像之權利。

傳輸權：提供大眾可個別選擇時間與場所使用音樂著作物之權利。

數位音源傳輸權：提供大眾同時可收訊，亦可依據大眾申請以數位方式傳送數位音樂之權利。傳輸除外。

分配權：向一般大眾收取一定代價，將著作物原本或是複製本讓與或是租借之權利。

二次著作：以翻譯、編輯音樂著作物等方式製作具創意之著作物並使用之權利。

8.著作權費用收取與分配

分類	詳細項目	計算式	手續費
公演使用費	演奏會	賣出額×音樂使用費率（1～3%）×音樂著作物管理比率	19%以內
	職業運動競技場	入場費收入×音樂使用費率（0.2%）×音樂著作物管理比率	
	遊樂設施	（入場費收入＋使用音樂之遊樂器具使用收入）×音樂使用費率（0.11%）×音樂著作物管理比率	
	營業場所	依據營業許可面積為基準之定額費用	22%以內
	飯店	依據客房數為基準之定額費用	15%以內
	百貨公司	依據營業許可面積為基準之定額費用	
	飛機	區分為登機時、飛行時，依據客席比例為基準之定額費用	
播放使用費	電視台、頻道	賣出額×音樂使用費率×調整係數×音樂著作物管理比率	9%以內
	計量制串流	1.2 韓圜（每曲單價）×使用次數	
	定額制串流	1.0.6 韓圜（每曲單價）×使用次數 2.賣出額×10%×音樂著作物管理比率	
	計量制下載	60 韓圜（每曲單價）×下載次數	
	套裝下載	（30 首）30 韓圜（每曲單價）×下載次數 （100 首以上）15 韓圜（每曲單價）×下載次數	
	時間制下載	〈套裝下載每曲單價之 38%〉 套裝（30 首）：每曲單價 11.4 韓圜 套裝（100 首）：每曲單價 5.7 韓圜	
	時間制下載	〈套裝下載每曲單價之 38%〉 套裝（30 首）：每曲單價 11.4 韓圜 套裝（100 首）：每曲單價 5.7 韓圜	9%以內
播放使用費	組合商品（串流＋下載）	串流使用費五成優惠折扣	9%以內
	背景音樂服務	1.每曲 25 韓圜×販賣次數×音樂著作物管理比率×優惠折扣率（時間限定六個月以下為 0.9） 2.賣出額×5%×音樂著作物管理比率×優惠折扣率（時間限定六個月以下為 0.9）	

分類	詳細項目	計算式	手續費
傳輸使用費	播放物再傳輸服務	1.賣出額×音樂使用費率（2.5%）×音樂著作物管理比率 2.月定額60韓圜×使用者數×音樂著作物管理比率	9%以內
	數位音源傳輸（網頁音樂）網路電視	1.月定額75韓圜×加入者數×音樂著作物管理比率 2.賣出額×音樂使用費率（2.5%）×音樂著作物管理比率	
	數位音源傳輸（網頁音樂）賣場音樂服務	1.月定額800韓圜×加入者數×音樂著作物管理比率 2.賣出額×音樂使用費率（4%）×音樂著作物管理比率	
重製與分配使用費	唱片（卡帶、CD）	出貨價格×音樂使用費率（9%）×（核可曲數／收錄取數）×製作數量×優惠折扣率	9%以內
	影像物（DVD）	出貨價格×音樂使用費率（7%）×（核可曲數／收錄取數）×製作數量×優惠折扣率	9%以內
	伴唱機	每曲單價（新曲出貨價格×9%／收錄曲數）×使用管理曲數×販賣數量	9%以內
	電影影像物、廣告音樂	是否為商業電影、獨立電影以及電影中使用音樂時數為基準	電影14.5%以內、廣告14%以內
	電影音樂公演使用費用	商議中	-

・說明：套裝下載與時間制下載不同年度並無差異，本表依據二〇一六年為基準之每曲單價計算。

9. 音樂著作權費用之著作人分配比率

作曲人＝5／12

作詞人＝5／12

編曲人＝2／12

10. 著作權人之展望

強化著作權與音樂產業之發展，對於著作權人之未來大為有利，但也需要考慮在票房產業的特性上有「貧亦貧、富亦富」之現象。

11. 著作鄰接權

著作人格權：與著作權有緊密（鄰接）關聯之權利。

12.表演權費用之收取與分配

分類	詳細項目	計算式	手續費
傳輸使用費	計量制串流	0.72 韓圜（每曲單價）×使用次數	不公開
	定額制串流	1.0.36 韓圜（每曲單價）×使用次數 2.賣出額×6%×音樂著作物管理比率	
	計量制下載	36 韓圜（每曲單價）×下載次數	
	套裝下載	（三十首）18 韓圜×下載次數 （一百首以上）9 韓圜×下載次數	
傳輸使用費	時間制下載	〈套裝下載每曲單價之 38%〉 套裝（三十首）：每曲單價 6.84 韓圜 套裝（一百首以上）：每曲單價 3.42 韓圜	不公開
傳輸使用費	組合商品（串流＋下載）	串流使用費五成優惠折扣	不公開
	背景音樂服務	1.每曲 12.5 韓圜×販賣次數×音樂著作物管理比率×優惠折扣率（時間限定六個月以下為 0.9） 2.賣出額×2.5%×音樂著作物管理比率×優惠折扣率（時間限定六個月以下為 0.9）	
	播放物再傳輸服務	1.賣出額×音樂使用費率（1.25%）×音樂著作物管理比率 2.月定額 30 韓圜×使用者數×音樂著作物管理比率	
重製與分配使用費	影像物（DVD）	出貨價格×音樂使用費率（3.5%）×製作數量×優惠折扣率×音樂著作物管理比率	
	電影影像物、廣告音樂	是否為商業電影、獨立電影以及電影中使用音樂時數為基準	

・說明：套裝下載與時間制下載不同年度並無差異，本表依據二〇一六年為基準之每曲單價計算。

13.表演權人補償請求權

分類	計算式	手續費
販賣用唱片播放補償金	賣出額×音樂使用費率×調整係數	20%以內
數位音源傳輸補償金	賣出額×音樂使用費率×調整係數	20%以內
販賣用唱片公播補償金	賣出額×音樂使用費率×調整係數	35%以內

14. 表演權費用之表演人分配比率

擔任演唱之歌手藝人為主要表演人、伴奏之演奏人為次要表演人。一首歌中，主要與次要表演人各獲得50%的表演權分配率，主要與次要表演人各有多名參與之情況，則是依據參與人數分享分配比率。

15. 管理權收取與分配

套裝下載與時間制下載不同年度並無差異，本表依據二〇一六年為基準之每曲單價計算。

分類	詳細項目	計算式	手續費
傳輸使用費	計量制串流	5.28～6.0 韓圜（每曲單價）×使用次數	15～25%
	定額制串流	1. 2.64～3.0 韓圜（每曲單價）×使用次數 2. 賣出額×44～50%×音樂著作物管理比率	
	計量制下載	264～360 韓圜（每曲單價）×下載次數	
	套裝下載	（三十首）132～180 韓圜×下載次數 （一百首以上）66～90 韓圜×下載次數	
	時間制下載	〈套裝下載每曲單價之 38%〉 套裝（ 韓圜首）：每曲單價 50.16～68.4 韓圜 套裝（一百首以上）：每曲單價 25.08～34.2 韓圜	
	組合商品（串流＋下載）	串流使用費五成優惠折扣	
	背景音樂服務	1. 每曲單價×販賣次數×音樂著作物管理比率×優惠折扣率（時間限定六個月以下為 0.9） 2. 賣出額×30～50%×音樂著作物管理比率×優惠折扣率（時間限定六個月以下為 0.9）	
複製與分配使用費	影像物（DVD）	個別商議	
	電影影像物、廣告音樂	個別商議	

• 說明：套裝下載與時間制下載不同年度並無差異，本表依據二〇一六年為基準之每曲單價計算。

16. 唱片製作複製使用費用

電影或是廣告插入音樂之情況，與需要獲得著作權人與表演權人許可一樣，亦需要唱片製作人許可，一般與著作權費用同一基準。

17. 唱片製作人補償請求權

本章針對著作權與著作鄰接權，說明各權利別如何收取與分配權利金。從商業音樂角度來看，著作權就像樹的根部，是重要的存在。商業音樂的發展就是要保護著作權，不僅對於著作權人之作曲人、作詞人、編曲人有益處，對於著作鄰接權之歌手藝人、唱片製作人也有益處。下一章我們要來探討商業音樂的主角——歌手藝人。

分類	計算式	手續費
販賣用唱片播放補償金	賣出額×音樂使用費率×調整係數	29%以內
數位音源傳輸補償金	賣出額×音樂使用費率×調整係數	28%以內
販賣用唱片公播補償金	賣出額×音樂使用費率×調整係數	35%以內

05 歌手、藝人

音樂產業的主角

用左手握手，因為那靠近我的心臟。

——吉米・亨德里克斯（Jimi Hendrix）

歌手藝人是商業音樂的主角，不論著作人創作出多好的音樂，若沒有歌手藝人演唱該曲子，便沒有任何意義可言。每個國家的經紀管理系統略有不同，同時也影響著商業音樂中的歌手藝人，扮演不同的角色。將於下一章「經紀公司」詳細比較各種不同的經紀管理系統，而本章將先針對成為歌手藝人前須考慮之事項，以及成為歌手藝人之後須注意的事項說明。特別是與歌手藝人有直接接觸之經紀負責人，或是支援商業音樂中培養歌手藝人與管理其活動之從業人員，皆需要知道正確的訊息與相互理解，才能互為助益。

1 想成為歌手藝人的理由

每個人都有過想當歌手藝人的美夢，每當聽到令人感動的歌曲，或是不自覺的跟隨音樂搖擺的時候，或看到崇拜音樂演唱之歌手藝人，想著自己也要成為跟他們一樣的人。就像小孩的第一個偶像是父母，從小看著父母、學習仿效父母的一舉一動一樣，想成為歌手藝人的志願生，也有他們喜歡的歌手藝人，也會擁有想成為他們喜歡的歌手一樣的夢想。

過往，歌手藝人因為賺得不多，遭受輕視且被戲稱為「戲子」，顯示人們對於這個職業的印象普遍不佳。如今，音樂不僅僅是音樂，而是成為產業分類中獨立的音樂產業，走紅的話也能夠賺到錢的職業，足以扭轉大眾對於這個職業的觀感。因此想要成為歌手藝人的人數漸增，也讓父母願意提供物質與心靈支援，讓孩子能夠嘗試並走向實踐夢想的道路。

能夠讓喜歡自己的歌迷聽到自己的音樂、讓大眾知道自己的存在，同時還可以賺錢並受到社會認可，使目前歌手藝人一職，已躍升成為青少年未來志向的第一名、第二名的地位。

2 成為歌手藝人的機率

然而，想成為看起來美麗、帥氣的歌手藝人卻不是件簡單的事情。除了跳舞與唱歌實力卓越的人以外，尚有才能稍嫌不足，仍努力克服中的志願生，個個都想成為歌手藝人。在音樂專門學校或是補習班努力數月至數年，考進經紀公司成為練習生已屬不易，然而從練習生到歌手藝人之路，更是難以想像的艱辛難熬，且無人可以保證一定能夠出道。即使出道了，也不見得能夠讓大眾注意留下深刻印象。

同時也有人將成為歌手藝人之歷程與成為職棒選手相比，此路與想成為職棒選手一般需要歷經小學到大學各階段的棒球隊訓練，進而成為年薪上億韓圜的選手機率類似。但是，棒球員的情況是，只要打擊與投球能夠準確確實，被球探發掘的機率就很高，選手只要在各種比賽獲勝或是得到好成績，就容易往更上一層進階，而實力未達到的球員就會被淘汰的良好制度，讓有棒球夢的人明確知道是否可以繼續努力，或是得要換條道路的客觀標準評斷。

然而，歌手藝人並沒有如棒球選手一般從學校教育開始準備與遴選制度，只有完成學業後透過音樂補習班，準備經紀公司或是電視節目的試鏡，而這個方式雖然可以增進唱歌或是跳舞

的實力，卻沒有如同棒球比賽的場合，累積實力就可獲得成功的保障，在主觀的要素居多的情況下，要努力到什麼程度亦沒有一定標準，也不知道該準備到什麼地步才有成功走紅的可能。

3 歌手藝人的現實

在這樣激烈的競爭之下，經歷長時間的準備，終於順利出道之後，即會開始忙碌於演藝行程，從而沒有太多時間思考現實，但是忙碌一段時間，發現現實與自己想像的不一樣時，就會開始出現煩惱。當然相較於數萬名落敗者而言，這樣的煩惱可說是「幸福的牢騷」，但是對於歌手藝人的人生而言，若從來沒有認真思考過，或是沒有具備相關知識的話，出道後就會經歷此必要過程。

只是，會有什麼樣的情況也可能與想像不同，本書第二章提過歌手藝人的定義是「演唱或是演奏大眾音樂之人」。但是歌手藝人不僅僅是演唱或演奏，同時也是資本雄厚的經紀公司旗下之歌手藝人，基本上都可能需要上各種音樂節目通告、演出連續劇、參與綜藝節目，抑或擔任各種節目之MC、來賓，甚至要參與電影演出。這樣看來，出專輯以及專輯相關活動反而是副業，其他的表演活動才是正業。對於經紀公司與歌手藝人來說，參與音樂以外的活動目的是傳遞音樂的機會，對於電視台或是相關媒體而言，給付較低的演出費用卻能帶來龐大的歌迷數量，兩方出發點雖不同，目的卻不謀而合，對雙方皆有利，因而未來這類活動也會持續下去。

但是，歌手藝人為了成為耀眼的明星，認真專注於歌手藝人活動之際，也會有只想專注音樂活動，卻不得不與現實妥協，將演藝活動當成宣傳音樂工具的情況。歌手藝人在音樂之外參與其他活動其實不是問題點，因為在現代社會中，採用多樣媒體與工具跟歌迷交流確實是必要的手段策略，再者，大眾音樂與純音樂相比，更需要與大眾有所交流才能稱為大眾音樂。

另一方面，也有想進行宣傳活動卻無法如願的歌手藝人，發過一兩張專輯、參與過幾場演出活動，卻因無法獲得大眾喜愛，最後只能走音樂外圍的其他經濟活動，或是透過打工抑或具有專門技術賺取費用以維繫基本生活。同時累積自身實力，繼續努力尋求下一回大放異彩的機會。由此可知，這點與其他商業模式相同、商業音樂也是很冷酷的產業，不論創作過程多辛苦，只要大眾不喜愛就會慘遭淘汰。然而若是音樂獲得大眾喜愛，卻仍無法拿到應當的報酬，也是不合理的現象，這部分勢必需要有改善的對策。

4 確定想嘗試看看嗎？

想成為歌手藝人的人非常多，競爭也非常激烈。而就算出道並且開始參與各項活動，除了少數歌手藝人外，真正能夠持續進行音樂活動的歌手藝人實屬稀少。然而，為什麼要強調這一殘酷的事實呢？這是要讓想成為歌手藝人並在商業音樂有強烈企圖的人，能夠具有相當的心理準備。就像美麗的玫瑰勢必帶刺一般，看起來越華麗越簡單的事情，也可能相當複雜並帶有不

少說不出口的苦衷。然而，若知道玫瑰有刺，只要小心不被刺到，就能夠真正擁有玫瑰的美麗。

若真的想成為歌手藝人，不論有多辛苦，總是要挑戰一次才是最佳策略，如果只是非常想挑戰卻沒有掌握機會，可能會用一生後悔沒有挑戰嘗試進而導致心病。Kaist[1]教授尹泰成《就一次，為自己想要的人生而活》[2]一書中指出：

「其實，人生不只有一座山，而是好多座山形成的山脈，人的一生就是不斷上山與下山。許多座山之中總會有一座山是我想挑戰的山，就算最後無法攻頂也沒關係。只要有我想登的山，就算只有一次機會，也能夠讓我的人生更幸福。」

因為有熱情為「登山」而努力，同時也有可能中途發現「好像不是這座山的樣子」而下山。與其說是登山失敗，倒不如說是為了下一次「登山」的機會，繼續儲備體力與養分。

偶爾也會出現「如果沒有登過歌手藝人這座山」的志願生，這時也會充分告知並且冷靜的分析現況。但若想起徐太志和孩子們於電視節目初登場的時候，獲得評審殘酷的評論，爾後卻大放異彩的案例，就會覺得這世界其實難以預測，建言時更需要謹慎小心。

再者，志願生的父母最擔心的是「機會成本」，所謂機會成本係指「選擇一項貨物的時候，需要放棄的其他貨物之價值」而言，萬一選擇走上成為歌手藝人這條路，就等於放棄當律師或是到大企業就業的機會，而放棄那些機會的成本價值過大。

然而，在現在這個競爭激烈的現代社會，不論選擇什麼、放棄什麼都是既成事實，無人可以保障放棄當歌手藝人就能夠獲得其他有名望的職業。最重要的是子女的夢想是什麼，任何企圖阻擋這個挑戰的各種經濟理論或是未來展望，都不具有說服力。因此，與其盲目的反對，不如理解並熟悉商業音樂的相關知識，一起坐下來討論這條路未來可能的方向，進而把握挑戰的機會。通常挑戰過後，孩子會能夠認知自己有沒有能力走這條路，因為一時的熱情而沒有認真思考、沒有對於音樂有極度熱情支撐的話，就會發掘其他適合自己的「山」，而越深入越確認自己夢想的人，這時就需要思考具體的美夢成真的方法。

5 準備成為志願者

確認自己的才能與熱情，與父母及周邊朋友商討過後，決心要挑戰成為藝人歌手這條路，大部分會選擇進音樂補習班培養實力，並準備練習各個試鏡項目。這裡要推薦幾個方式，如果能夠活用這幾項準備方式與資源，會更有效率的判斷是該持續努力，還是放棄走這條路。

1 譯註：Kaist 為韓國著名科學研究院，聚集許多韓國科學人才。詳情請參考 itm.kaist.ac.kr。
2 譯註：書名原文為「한 번은 원하는 인생을 살아라」，二〇一五年一月十五日 dasanbooks 出版之書籍。

錄下自己的音樂

由於技術與軟體之發達，音樂錄音也不需花費過多的費用。以彈奏吉他或是鋼琴的方式，搭配音樂或是伴奏音樂（MR: Music Recorded）錄製音樂，是費用較低廉又簡單的錄音方式；使用智慧型手機或是個人電腦也不會花費太多費用。再者，到專業的錄音室由專業人員指導錄音也是一種方式。近來，只需十幾萬韓圜即可在專業錄音室錄音，也較有保障。如果對於作曲有興趣，則可購買音樂製作軟體並熟悉其操作模式。

不見得非要本人的作曲才能夠錄音，錄製既有歌曲也無妨，但是一定要加上個人特色。在此個人特色係指要與原有演唱歌手有所區別之唱法，模仿原唱的歌曲確實能夠讓大眾認可，獲得「唱得非常好聽」的評價，但是卻無法成為大眾期待的「給予感動的歌手」，也就是成為歌手的「才能」並非只會唱歌，而是應當擁有「自身的音樂」，檢視自己與既有歌手有沒有不同，並且是否有自我特色的演唱，才能達到目標。

「人皆生而不同」是句理所當然的話，並不需要努力才能與他人有不同的展現，因為每個人都有不同的出身，但應當探究本身具有的真實的模樣，並以此真實展現個人特色。音樂有多種類型，與其盲目跟隨現在流行的音樂走向，倒不如嘗試多樣的音樂，並適度放入目前流行音樂的曲風中，亦不失為一個有智慧的方法。

宣傳錄製之音樂

所謂宣傳，並非指在廣播或是電視節目中曝光之意，更不是指將音樂錄製成品以電子信箱或是CD的方式，提供給音樂公司的相關人員而已。目前為止，依然有許多志願生將錄製成品以電子信箱或是CD的方式寄送，但實際上利用這個方式出道的情況相當稀少。萬一經紀公司的規模較大，很可能無法直接傳達予實際負責新人歌手發掘的人手裡。而若是規模較小的經紀公司，由於每個人要負責的事務較多，也不可能有時間聽取志願生的錄音成品。如果經紀公司備有一專責單位負責志願生，透過線上的方式傳遞，即能夠比電子信箱或是CD傳遞的方式，更能確實得知試鏡結果。雖然直接將音樂送至經紀公司也是一種方法，但是在這之前可以先準備兩件事情的話，會比他人擁有更進一步得到好消息的機率。

第一步是將音樂播放給家人或是周圍的朋友聽，錄音之外也要錄影，並讓周圍的朋友觀看。要先熟悉他們給予的回饋意見，雖然親近的朋友給予不好的評價時，心情會不好，但是一旦成為歌手藝人，就需要公開接受對自身音樂的評價——不論好與壞，因而能夠聽取親近朋友的評價會是關鍵的一步。

第二步則是當獲得周圍親友的認可，有了自信之後，將自己的音樂與影像上傳至 Youtube 或是 Facebook 等社群網絡。這個步驟可以更客觀的得知大眾可能的反應，當然也是可以一開始就這樣做，然而建議從第一步驟開始，也是為了多一層的準備，以期待有更好的結果。許多

人其實都沒有錄音、錄影自己唱歌時的模樣，只知道自己唱得好，所以當本人都不知道錄影內容，一旦公開會容易感到失望，也可能會產生挫敗感，因而建議分階段進行較佳。再者，當選擇要公開在 Youtube 或是 Facebook 時，就必須更用心，因為將來出道時會成為介紹出場時之資料畫面，因而不得不謹慎為之。而透過這個過程，也能夠更明確的知道自己是否真的想當歌手藝人。

藝人出道之後會更漂亮、更帥氣。當然出道一段時間後，對於演藝活動越熟練也更知道如何自我管理，而更重要的是對於攝影機熟悉度大增的因素，對於攝影角度的掌握也會經由不同的回饋建議，來檢視自己的態度與姿勢。同樣的，為了成為歌手藝人，錄下自己唱歌的模樣，不僅可以達到自我矯正之用意，也能夠聽取周邊朋友的意見，讓自己的實力能夠與日俱增。

確立歌迷團體與創作故事

將前述之方法更進一步擴大範圍與增加組織化的管理方式。

這裡所指的歌迷團體是指對自己喜歡的音樂且會留下意見的人，並能夠採用電子信箱、網路留言板的方式聯繫之小規模團體，是與正式歌迷後援會區分之用語。當然，採用經營 Youtube 或是 Facebook 或是網路 Café[3]，讓喜歡自己音樂的人按「讚」或是「#標記[4]」的方式，來擴大知名度並不是件簡單的事情，但是，這也是檢視自己的音樂流傳度、大眾接受度與關注力的機會。在美國，利用這個方式先凝聚小規模的歌迷，並以小規模的方式進行、參與活動，引起經紀人注意之後與音樂公司簽約出道的案例很常見。但韓國採用不同的經紀經營制度，因而以這樣的方式經營並擴大歌迷團體的方式並不容易。但是，有幾位歌手藝人也是採用類似的方式出道，足見商業音樂確實是「歌手藝人與歌迷之間聯繫的事」。

舉例來說，因為 Super Star K3 節目走紅之「Busker Busker」就是由包含大學生在內的二十多位樂團成員，以街頭公演的模式累積人氣，同時與歌迷直接互動，進而形成歌迷後援會。這部分我們可以透過 Busker Busker 隊長張凡俊的訪問內容中得知。

「在網路的世界中 Busker Busker 有專屬 Café，加上想讓更多人認識我們，因而選擇在地區初選的時候參加，但是當時只有三個人有空，所以算是倉卒成軍[5]。」

而創作故事流傳也是很重要的，這不是要將故事悲傷化引人悲憐，而是將自身的音樂與內容以有趣的方式呈現在大眾面前，使大眾產生興趣。但不可為了引起關注而刻意將事件有趣化，雖然這個方式對點閱率非常有用，但是對於目的是成為歌手藝人這件事卻是毫無助益。因此，需要仔細思考如何能讓自己的音樂更有效率的被注意到。例如，單純使用「反抗饒舌」，

3 譯註：韓國最大入口網站 NAVER 之下的 Café，有不同領域、不同開放程度之會員社團。

4 井字標記（hashtag）是社群網絡使用的標記，井字記號（#）之後寫上特定之詞彙用語，即可收集有關該詞彙用語的功能。

5 張衍朱（2012.04.01），發行第一張專輯的 Busker Busker 說：「到五十歲為止，都要持續街頭公演的歷史。」Herald 經濟，http://news.heraldm.com/view.php?ud=20120401000276&

倒不如採用「平時凝望著這片土地的孩子，上了舞台就是饒舌界的超級英雄」的文字，更能在初期就獲得關注，獲得關注也就代表人們最少聽過一次。

如果凝聚了一千到兩千名左右的歌迷團體，就更容易讓音樂公司相關人員注意到，從而吸引經紀公司主動聯繫，這是因為除了志願生本身對音樂的熱情之外，同時也具備一定的大眾評價，讓經紀公司更容易判斷成功與否。但若經紀公司或相關人員找上門時，也必須透過網站或是電話確認來者的身分，眾所熟知的網路犯罪與詐欺事件層出不窮，辛苦多時、即將成功的成果不能毀在這一關卡。

但如果歌迷團體的凝聚力不如預期又該怎麼辦呢？這時就需要分析檢討自己的音樂以及宣傳的方式，不只線上宣傳活動，也建議嘗試一般的宣傳活動。將自己的歌曲上傳至網路，藉由街頭公演活動獲得更多歌迷的共鳴，進而出道的歌手也不在少數。這樣的公演模式雖然規模較小，但是可以獲得更多經驗，同時也可以讓自己有了可以判斷是否能夠出道的基準。

而成立歌迷團體時，最需要的就是與歌迷持續對話的管道，利用電子信箱或是公告定期與歌迷聚會、持續讓歌迷聽到自己的音樂，或是準備簡單的小禮物抑或販賣相關產品也是不錯的方式。提供以較便宜的成本製作之印有歌手或是歌迷團體的名字貼紙、飾品，主要目的不是為了收益，而是為了共有一項紀念物品，這同時也是經紀公司會主動聯絡的關鍵之一。這個方式多半是獨立音樂歌手常用的模式，卻也適用於偶像團體。當然每間經紀公司會有不同的做法，或許該做法不見得受青睞，但是在展現本身對於音樂的熱誠這方面，這一模式是屬於正面積極的做法。

6　音樂產業中，成為歌手、藝人的意義[6]

歌手藝人以過人的實力與感性唱出歌曲的情感，是屬於第一階段的任務。不同於因興趣而唱歌之歌手藝人，我們著重於討論以音樂維生、為了生存、生活的商業音樂，因而要確認在商業音樂中歌手藝人具有什麼樣的意義、需要抱持什麼樣的心態。

你就是商業的主體

這應是理所當然的事情，卻有許多歌手藝人、志願生從來沒有想過這一點。歌手藝人生病或是受傷必然導致活動中斷，雖然可以使用既有的音樂與影像，但是相對收益就會減少。

不僅健康問題，若是私生活鬧出負面新聞，對於自身亦會產生扣分效果，最終導致無法繼續音樂活動。傳聞與謠言不可能遏阻，但是可以避免不必要的紛爭，或是因為誤會所引發的問題，特別是違法行為，不論多小都容易造成負面形象，千萬要謹慎而為之。雖然有時也會以負面的傳聞為手段，但是盡可能不要採用這個方式。萬一出現不好的傳聞時，要克制自己的行

6 參考 *All you need to know about music business* 一書（ISBN-13: 978-1501104893）

為，等候正確的時機，真心的話語與正當的行為方能戰勝傳聞，陷入艱辛時，也能夠以這樣的態度獲得最終的成功。

當周邊注視與話語日益增加時，歌手藝人的活動範圍就會被限縮，由於自身就是商業主體，一旦倒下，不僅歌手藝人本人，連帶許多相關工作人員都會受影響，所以歌手藝人必須具有一定的責任感。如果無法承受壓力，那麼就應該思索應否走上這條路。偶爾會出現「想當無臉歌手，只參與歌唱活動」的志願生，但是近年來在智慧型手機以及社群網絡廣泛的前提下，很難避開人們的視線，同時也不會有經紀公司願意培養這樣的志願生。

歌手藝人可說是需要投入自身的熱情與才藝且耗費許多時間的職業，然而成功機率卻相對低的投資標的。加上因為自己也是商業的主體，所以需要具有責任感。因此，不論年紀，如果沒有責任感而只有想華麗的登場、與帥氣的人們一同工作的想法，那建議將音樂當成純粹的興趣經營較好。

歌手藝人的賞味期間短暫

商業音樂屬於票房導向產業，票房跟著流行趨勢走，而流行趨勢不僅變化多端，時效更是比想像的還要短暫。

根據二〇〇五年京鄉新聞[7]的資料顯示，音樂專門頻道 m.net-kmtv 的排行榜前五十名的歌手，平均活動時間約為三・六八年[8]，一出道就消失的團體也不少，而站穩的偶像團體也可能因為一部分成員的重心，從音樂轉換至演技等其他演藝事業，進而真正以歌手藝人身分活動的時間就會日漸縮短。

雖然也是有短短準備幾個月就能夠出道的個案，但是畢竟屬於少見的情況。大部分皆需要經過三到四年的練習生階段，而在練習生階段之前也都經過不短的努力歲月，總和加起來確實是耗費不少準備時間，一旦走紅，收益就跟著來。然而人氣總會有消散的一天，人氣一旦消散，收益也是會跟著終止，在透過各種試鏡節目以及經紀公司出道的新人持續不斷、既有歌手之間的競爭亦不曾停歇之下，要在商業音樂中生存實則困難重重。

也就是相較於準備出道的時間，走紅且有收入的時間相形短暫。因而更要在能夠賺錢的時候、對大眾具有魅力的時候，將最好的一面展現出來。

必須要有自己專屬的風格

歌手藝人的音樂需要擁有個人的特色與風格，但是並非單純具有個人風格就能夠成事。前述提及的，本書討論的商業音樂是以大眾為對象，透過各種媒體讓大眾知曉、讓大眾喜愛才有

7 京鄉新聞，韓文版網頁：http://www.khan.co.kr，英文版網頁：http://english.khan.co.kr。

8 金政燮，〈歌手的平均人氣壽命只有三．六八年〉，《京鄉新聞》（2005.3.8）http://news.khan. co.kr/kh_news/khan_art_view.html?code=960801&artid=200503081736451

存在意義的音樂。也就是不論藝術性、音樂性再怎麼卓越，少了大眾的愛戴就沒有任何意義。

不論歌曲多好、外貌多俊美，沒有自身魅力，或是僅能模仿現有歌手藝人，不論模仿得多麼維妙維肖都是無法成功的，時時要注意思考自身的風格何在，就像超市陳列著多樣商品，每天也都會有新產品問世，然而新產品如果與既有商品沒有差異，人們就不需要捨棄既有產品而選擇新產品，歌手藝人也是同樣的情況，如果與既存歌手擁有相同魅力但卻沒有其他個人的特色，是無法在商業音樂中生存的。因而近來經紀公司也較喜愛具有個別特色之志願生，且會選擇具有這類特色風格的志願生為練習生。

7 與經紀公司簽約

成為歌手藝人即需要與經紀公司簽約，即使不與經紀公司簽約，直接進行演藝活動的歌手藝人，也是會有類似經紀公司或是經紀人的角色從旁協助。也有歌手藝人會自行開設並經營經紀公司，但是大部分簽約都是從志願生中選擇練習生，進而締結專屬契約。近來電視台的試鏡節目走紅之後，以與經紀公司締約並開始演藝活動的情況居多，因而對於歌手藝人來說，應與哪一間經紀公司合作、簽訂什麼樣的經紀契約、能否成功走紅，則是需要搭配商業思考邏輯認真的研究。

找尋個性相仿的經紀公司

透過既有已發行的音樂，能夠清楚得知每間經紀公司的風格，依照前述之「個人風格」為基準，需要尋找相仿風格的經紀公司才有出道、成功的可能。不單單是音樂風格，其他要素也深深影響著歌手藝人經紀約的長短。每間經紀公司所重視的部分不盡相同，可能是風格、規律或是禮儀等等，可以透過該經紀公司所屬歌手藝人的活動內容與態度，掌握經紀公司的氛圍與風格。

有時也會出現本人沒有發現，而經紀公司發掘出的潛能，進而引導本人充分展現的情況，雖然亦屬少見情況。這個時候與其執著於歌手藝人本人的想法，倒不如依照經紀公司的建議，這樣反而會有更好的成果。但是由於案例狀態不盡相同，也無法保證無條件接受經紀公司的說法就都是對的。但是在音樂成功的讓大眾喜歡的層面上，經紀公司的判斷基準相較個人還是較為客觀，判斷成功的比率也較高。

沒有一間經紀公司能夠保證歌手藝人一定可以成功奪冠，也不是進入大型經紀公司就一定會成功，重要的是，務必要選擇理解自己風格的經紀公司。當然也不是想要就可以簽約，經紀公司亦有自己的選擇方式，因而要讓經紀公司選擇簽約的準備亦非常重要。

經紀公司試鏡

志願生能選擇經紀公司的前提是，同時通過數家經紀公司的試鏡，抑或透過電視台試鏡節目獲取優秀成績，才可能有這種事情。大部分志願生都是為了簽約，而參與許多的試鏡。如前所述，如果認真執行「志願生要準備的事項」是為了吸引經紀公司，但是僅有「準備事項」是無法成為歌手藝人出道的。然而若是美國，依據美國的經紀經營制度是可行的，但是在韓國與日本以經紀公司為中心之經紀經營制度下，皆需要與經紀公司簽約，而其起始點就是試鏡。

每間經紀公司都有長期試鏡招募以及特別試鏡招募公告，近來也有與音樂補習班、音樂專門學校合作，只要在校取得優異成績，即可直接進入最終試鏡階段。在參與試鏡的人員越來越多的現實情況下，經紀公司難以用有限的時間與資源面對過多的試鏡者，因而經紀公司選擇與學校或補習班合作。同時，學校與補習班也能夠提供學生到經紀公司試鏡的機會。這樣的合作模式對於經紀公司與學校、補習班而言也是雙贏的局面。

認真準備想進入之經紀公司的試鏡以及準備格式正確的資料（音源、影像），並抓住每一次的機會，此時需要評價基準來評價本人是否於準備期間有所成長。再者，一次就能通過試鏡的情況較不常見，因而如果將準備的過程視為必經的道路，就能夠忍受漫長辛苦準備的歲月。

簽約前的考慮事項

通過試鏡締結練習生契約或是專屬契約前，亦需確認一些必須事項。雖然人人都知道不喜歡，或是與自己不搭的經紀公司的試鏡最好不要參加，但也是會有不是透過經紀公司試鏡卻找上門的經紀約，這時不要忘記該注意的部分，也就是經紀公司與該經紀公司的代表（負責人），不論怎麼說，歌手藝人的成功除了本身的努力與才能外，更重要的是遇到對的人，而這個最重要的人就是經紀公司代表（負責人）。

(1)經紀公司的歷史

過往培育出什麼樣的歌手藝人、是否有過成功的輝煌歷史，不是決定的關鍵因素，畢竟有些經紀公司會將小小的因緣擴大宣傳，令人難以確認其真實性。再者，過去有過優異成績也無法保證現在會有同樣的表現，因此，若能夠從過去的失敗中獲取經驗，依據該經驗為基礎繼續用心培育，就像電影打破過往既有選角方式一般，會是不錯的評價方式。而確認該經紀公司出身之歌手藝人目前的動態，與過去有沒有不名譽的事情也是重要的關鍵。

那麼，毫無經驗的經紀公司就要無條件排除嗎？其實也不需要這麼做，因為比起沉溺於過往輝煌紀錄的經紀公司，成立時間較短卻更有熱情與商業經營概念的經紀公司，更有利於想成為歌手藝人之人，出道與成功的機會就更高。我們都知道，有名的歌手藝人終究不是只靠自己

的力量成功，沒有在背後辛苦支持的經紀人以及相關策畫的經紀公司，是不可能獨自完成的。

再者也要考慮經紀公司的規模，不是大型經紀公司就是好的，雖然大型經紀公司影響力往往較大，也能夠擁有跟其他歌手一起活動的優點，但也會因為支援分散的憂慮而僅能提供限定的支援。規模雖小，但是有為了自己量身打造的策略企畫，反倒是重要的一環。

⑵經紀公司代表（負責人）

不論經紀公司規模的大小，其代表（負責人）的角色是絕對的。特別是專屬契約關乎公司的存亡，因而代表（負責人）會直接與該歌手藝人接洽面談，經過深思熟慮才會有最終決定。志願生在與代表（負責人）商談時，必須確認是否與本人風格相符或是是否違反個人風格。簽約前也要聽聽周圍親友的建議，如果可以與在該經紀公司工作的朋友談過會更好。

過往沒有商業音樂經驗之新設立之經紀公司，則是要注意代表（負責人）的人品與商業思考模式及行為，而這需要與代表（負責人）有較長的對話，並且在簽約前需要經過數度確認。對於金錢與時間的約定是否準確遵守、電話是否都能夠聯絡到人、目前有什麼樣的活動進行中等等，所有可以確認的事物都必須確認之後方可決定。

當然，同一段時間，經紀公司代表（負責人）也會檢視這位想成為歌手藝人之人。經紀公司不會因為具有才能與歌唱實力就無條件簽下專屬契約，一定會確認私生活是否正常、是否會遵守約定，以及學校生活、朋友關係等等，否則也會浪費經紀公司所投資的金錢與時間。

(3)透過契約結緣的家人

過往就算唱片賣出幾十萬、幾百萬張，也會發生經紀公司用各種藉口不願意給錢的情況，也曾有經紀公司費盡千辛萬苦，讓歌手藝人順利出道、成功走紅，歌手藝人卻以荒謬的理由背叛經紀公司的情況。這種情況全無商業經營的概念，僅充斥著威脅與利用，最後都只能走上訴訟一途。

但是現今已不是充斥威脅與利用的時代，而是以簽約為根據之商業音樂時代。同時也因為是以簽約為根據，更需要仔細明確的詢問確認，必要時也可以借助律師的協助。當然簽約之志願生不會比經紀公司更懂得相關知識，因而需要詳細閱讀熟知本書下一章節之契約內容，簽約後信賴經紀公司並認真為成功出道而努力。如果僅對經紀公司單方面有利，往後就容易出現不平等的契約，進而導致與歌手藝人解約的情況，因此雙方皆應以成功為前提，在雙方合意下締約並確實依約執行才是正確的選擇。

商業音樂中的經紀公司與歌手藝人就像家人的關係一樣。雖然是契約期間限定的家人，經紀公司培育並對歌手藝人負責，歌手藝人也依賴、信賴經紀公司並願意為成功而努力。只是要知道這是商業經營，不能光想著「因為我沒有管道，所以我要忍耐」或是「我對他這麼好，他怎麼可以這樣對我」的情緒，因為歌手藝人與經紀公司必須依據契約同心協力才能邁向成功。

想想看如果與家人一同經營商業活動會如何呢？比起因為契約結緣的家人，因為是有血緣

的家人，就必然可以經營順暢沒有問題嗎？實際上困難的情況也不會少見。家人會因為疼惜同血緣的歌手藝人而努力，但可能會少了商業上冷靜客觀的評斷。就像不論是多優秀的醫生也不為家人執刀一樣，需要冷靜客觀的商業經營，因其理解與視野角度不盡相同，契約結束後也會變成陌生人，但是血緣上的家人是不會有變化，永遠都是站在一起的。

8 專屬契約說明

經紀公司與歌手藝人為了成功而簽訂專屬契約。而如前述歌手藝人與經紀公司透過遵守契約的約定，形成如同家人的關係，所以沒有遵守契約時理所當然會終止家人般的關係。因此，若對於契約沒有充分理解進而產生誤會，就容易走向訴訟，這對雙方都會產生不好的影響。

由於專屬契約產生的問題很多，因而公平交易委員會製作一分標準契約，本章節就針對公平交易委員會這分標準版本的專屬契約書做說明，附註說明會以箭頭呈現並以藍色標明。粗體標示的部分，是公平交易委員會揭示之重要部分，依據其原始本呈現。

但是，標準專屬契約並非僅是參考事項或是無條件必須遵循[9]。經紀公司與歌手藝人可以依據個別情況變更或是基於互信理由修正、追加內容。事實上每間經紀公司的契約內容都或有不同，因而皆需要確認契約內容或是透過律師確認。再者，雙方可能基於想法不同而有誤解，因此更需要明確理解契約內容。

大眾文化藝術人（歌手為主）標準專屬契約

標準契約第一〇〇六二號

（二〇一四年九月十九日修正）

「經紀公司」＿＿＿＿＿＿＿＿＿（以下稱為甲方）

「藝人」＿＿＿＿（本名：　　　）（以下稱為乙方）

協議締結下列專屬契約並基於互信原則履行之。

→藝人姓名的部分，若填寫藝名，亦需加上本名為記錄，避免混淆。

第1條（目的）

甲乙雙方以利益與發展攜手合作為前提，乙方須盡最大努力發揮自身才能與資質圖謀自身

9 指亦可不使用「大眾文化藝術（歌手為中心）標準專屬契約」，而是經由歌手與演藝經紀公司協定內容並締結之專屬契約，屬於歌手與演藝經紀公司之權利義務。生活法律資訊。詳情參考下列網站：http://oneclick.law.go.kr/CSP/common/CnpClsMain.laf?pop Menu=ov&csmSeq=530&ccfNo=3&cciNo=3&cnpClsNo=3

發展，並珍惜身為大眾文化藝人之名譽與名聲。甲方則為乙方才能與資質能發揮最大實力，認真履行經紀人服務，並以圖謀乙方最大利益為目的。

第2條（經紀公司權限等）

1.乙方依據第4條議定之範圍，將大眾文化藝術活動（以下稱「演藝活動」）全權委託經紀管理於甲方，而甲方則依此委任代行權利義務。但乙方於委託甲方之經紀約當中，雙方合意保留之事項不在此限。

↓全權委託之經紀約非常重要，為「甲」方經紀公司代替「乙」方歌手藝人行使相關權利義務之根據。也就是若無此一全權委託之經紀契約，經紀公司則無法代替歌手藝人協商或簽約，因而無法形成經紀代理行為。在美國的經紀制度下「歌手藝人」負擔費用與收入，以及經紀人與代理之雇用之經濟管理制度。但是特殊情況下，經紀管理區域與特定領域部分，不需限定於經紀公司可委託他單位負責。例如與YG娛樂簽有專屬契約之PSY，其經紀約除了韓國與日本外，其他國家之經紀約則是全權交由Scooter Braun製作公司[10]，這是PSY在與YG娛樂簽約前，基於過往經驗所下的決定。在「江南style」造成全球轟動之際，被解讀為PSY與YG娛樂做了最睿智的選擇。但是一般而言，不太可能有經紀公司會願意與歌手藝人簽訂部分限制條文之非專屬契約。

2.甲方須積極為乙方才能與實力之發揮善盡經紀義務，並於經紀權限內之演藝活動中，善盡保護乙方之私生活等人格權不受侵犯之義務。

↓這部分是訴訟常見之問題。站在歌手藝人立場上，會認為經紀公司沒有善盡音樂活動之經紀管理責任。實則是經紀公司有盡力，卻因為競爭市場激烈，無法協助歌手藝人參與宣傳活動之情況時有所聞。特別是剛出道的歌手藝人，不論多努力，電視與專輯宣傳量可能比想像中少很多。因此從結果來看，不論是宣傳活動或是其他簽約無法成功之情況，或是需要積極促進其他活動，經紀公司需要與歌手藝人資訊共享才不會產生嫌隙、誤會。而有不少情況是惡意利用此一情況，危害算計經紀公司與歌手藝人之關係。

3.契約存續期間內，乙方之演藝活動相關安排為甲方專屬權限，未經甲方事前許可不得自行與甲方之外之第三人商議交涉演藝活動。

↓無經紀公司事前許可之演藝活動，足以毀掉本人之音樂事業。不論是多好的機會，在專屬契約期間皆不可以有這樣的行為，須將對外交涉或是邀請，全權交由經紀公司或經紀人負責。

第3條（契約期間與更新）

1.本契約期間為＿＿年＿＿月＿＿日起至＿＿年＿＿月＿＿日為止（共＿＿年＿＿個月）。

2.依據前項契約期間若超過七年之情況，乙方於七年過後隨時可通知甲方契約終止，甲方

10 譯註：可參考該公司網站 http://scooterbraun.com/about。

則於收到通知六個月後契約即終止。

↓過往常有十年以上之契約，目前大部分經紀公司都依據公平交易委員會規範，以不超過七年為基準。現況下，因為多數簽約者年齡尚小，出道前之準備時間長的緣故，經紀公司會傾向於締結長期的專屬契約。如果簽約時間過短，多半消耗在出道前的準備時間，造成出道沒多久契約期間就結束，經紀公司可能會承受莫大損失。本專屬契約並沒有標明，一般而言，專屬契約會依據簽約期間提供簽約金，新人階段可能不會有太多簽約金，但是現職歌手藝人在與新的經紀公司簽約時會拿到相當之簽約金。

3. 下列各款之情況，不受前項規定之限制，甲方與乙方得另以書面協議限制廢止權。

⑴為長期海外活動需與海外經紀公司締約並履行之必要情況

⑵其他正當理由需維持長時間契約之必要情況

4. 契約期間如有下列情況乙方之個人情事導致演藝活動必須中斷時，其所中斷之期間需跟著延長。具體延長日數需由甲方與乙方協議訂定。

⑴服兵役之情況

⑵懷孕、生產以及育兒、研究所就學之情況

⑶與演藝活動無關之事由，導致須連續三十日以上住院之情況

⑷其他歸咎於乙方之事由，導致演藝活動無法持續之情況

↓特定期間無法進行演藝活動之情況，一般而言其所中斷之日數，需於契約期滿後繼續

延長中斷之時日。男生多半為服兵役、女生多半為懷孕、生產等情事。研究所就學之情況，多半為本人想暫停演藝活動進而求學於研究所之情況，而若研究所就學期間依舊持續演藝活動，則契約期間照常計算。

5. 本契約適用範圍包含大韓民國之全球各區域。

→K-POP韓流風行，經紀約之範圍不適合僅限定於大韓民國。

第4條（演藝活動之範圍與媒介）

1. 乙方之演藝活動為下列各款之活動：

(1)作詞、作曲、演奏、歌唱等以音樂為主之活動，以及附帶之電視演出、廣告演出、活動參與等

(2)演員、模特兒、配音、電視劇演員等等演技活動（但，甲方專屬經紀約者，需要甲方與乙方另外協議並遵守之）

→前文提及經紀約之範圍並無任何限制，而既存活動中之歌手藝人亦常有特別之情況下之個別約定。

(3)其他與前兩款相關聯之活動或是文藝、美術等創造活動，皆需甲方與乙方另外協議。

2. 乙方演藝活動之媒體如下列各款：

(1)電視（包含地上波電視、衛星電視、有線電視、CCTV、IPTV之其他新媒體）以及廣播、移動裝置手機、網路等

(2)唱片、CD、LDP、MP3、DVD其他音源以及影像物已錄製完成之可於媒體播放之著作物，以及錄影帶、音源等數位方式呈現之所有影像錄音物

(3)電影、舞台公演、活動與祭典、屋外廣告

(4)海報、照片、相簿集、新聞、雜誌、單行本等其他印刷品

(5)著作權、肖像權與使用演員之各種事業體或是新媒體，可依據甲方與乙方另外協議之事業體或是媒體

→大部分的演藝活動，除了跟隨技術與環境之變化有新的領域活動外，其基本核心就是「歌手藝人」本身能否依據既有基礎掌握新型態活動的出場機會。但也會依據歌手藝人之特性，不排除某種特定媒體活動。例如時常會出現（不在少數）只想錄製專輯以及公演，不想上電視之歌手藝人，這類情況就會將特定媒體排除。當然，這種情況之音樂宣傳就會困難許多，經紀公司需要多方面的說服歌手藝人，而當該名歌手藝人培植出不同層次之歌迷時，經紀公司即會認可歌手藝人之獨特音樂，進而願意協議排除歌手藝人不願意參與的演藝活動範圍。

3. 除第1項與第2項規定外，具體之演藝活動範圍以及演藝活動媒體等，可依據雙方附帶

↓這部分也是常見訴訟問題之一。歌手藝人基於個人情況，會出現難以進行之演藝活動，這時有必要與經紀公司事前協議。而不僅讓身體不舒服之歌手藝人於生病期間依然持續演藝活動是個問題，同樣的，基於健康問題不能參加行程活動亦會是問題點。在商業音樂中，歌手藝人是重要的內容商品，因而歌手藝人之健康問題，是雙方皆需用心維繫之必要條件。再者，經紀公司須事前將行程以及契約加以說明，雖然偶有因為忙碌致忘記之情況發生。也會有歌手藝人知道內容會忘記之情況。但是近來可以採用社群網絡方式，管理人數較多之團體的形成與契約內容，因而不太會出現聽過就忘的情況。

3. 甲方為乙方管理之演藝活動契約期間結束後，結束前所代理交涉、簽訂之契約期限於結束後之效力需獲得乙方之同意。

↓例如，契約期間至二〇一五年十二月三十一日，而十月一日起之六個月的契約廣告模特兒之活動，經紀公司於二〇一六年一月一日開始就沒有相關代理權利。這種擴及契約期間之後之契約的效力，一定要歌手藝人同意。當然，其他契約亦需要歌手藝人之同意，此一部分需要限制之理由，是為防止經紀公司濫用契約並明示禁止之條項。

4. 第三者侵犯或是妨礙乙方之演藝活動時，甲方須採取排除妨礙之必要手段。

5. 甲方根據本契約準備乙方之演藝活動，除此之外不可要求會侵犯乙方之私生活或人格權之行為，亦不可要求負擔過大之財務。

↓私生活侵犯為絕對不允許之大原則。但是在演藝活動或是演藝活動準備中，針對私生活之限定卻是不得不為之，不能出現目前要進錄音室錄音，卻因為要與朋友見面而不能履行之情況。再者，經紀公司不可要求歌手藝人給付專輯製作費用或是其他費用。

6. 甲方可經由乙方事前書面同意後，將契約上之一部或全部之權利讓與第三人。

↓此一規定明定需要歌手藝人「事前書面同意」之理由，為在歌手藝人未同意之情況下，將經紀約之權利讓與第三人之狀況非常多，因而為阻止此一情況發生而有之條文。

第6條（乙方之一般權限與義務）

1. 乙方依據第2、第5條對於甲方之經紀活動隨時可以提出自身意見，必要情形下，可要求甲方提供閱覽或複印演藝活動相關資料，甲方應回覆。

↓近來，好醫生的要件包含「親切的提供患者諮詢」，一部分之醫生認為只要好好治療，對於回覆患者詢問未經檢證之網路說法以及其他相關諮詢極度沒有效率之事，因其對於治療沒有任何效果與意義，多不願理會。但若接受過較有名氣之醫生診療，就會發現，即使患者疑惑、擔心的部分毫無科學根據，該名醫生也會想辦法讓患者安心，並說明較佳的治療方法，因而可知道這部分是診療的重要程序之一。與前述相同，歌手藝人對於有疑問、好奇的部分確實詢問，經紀公司對於契約或是計算費用之內容加以詳細說明，以互相協議確認為基礎，才能共同走向成功。

2. 乙方應參與甲方決定之演藝活動，並確實發揮自身才能與實力。

↓有時也會有本人不願意參與之活動類型，新人階段大部分都會有這種情況。與本人期望之形象不同，卻以這樣的形象包裝並且成為輿論報導的一部分時，歌手藝人本人會相當辛苦，但這也是娛樂商業特性中無可避免的一面。然而一旦成名，從自身的音樂獲得肯定的那一刻起，就能夠參與自己想要的演藝活動。而看到已經成名之歌手藝人肯以破壞自身形象參與並活躍於綜藝節目時，卻也能夠感受到「高傲的」做自己想要的事情，有時難以受到大眾的矚目與愛戴的社會現實。

3. 乙方不應出現會招致演藝活動障礙等毀損大眾文化藝術人品格之行為，亦不得為破壞甲方之名譽與信用之行為。

↓一位歌手藝人之疏忽，會導致經紀公司以及其旗下所屬之藝人同時遭受損失。特別是近年來經紀公司走向大型化，甚至於掛牌上市櫃，一旦出問題不僅影響歌手藝人本人，對於一般投資大眾，亦可能會造成數十到數百億韓圜之損失。

4. 乙方除了甲方有第5條第5項規定之行為外，對於不當要求之情況亦可拒絕。

5. 乙方於契約存續期間未經甲方事前同意，不得與第三人簽訂同一或類似契約等危害或侵犯本契約之行為。

↓侵犯經紀公司與歌手藝人之間專屬經紀契約之重大違反行為。

第7條（乙方之人品教育與身心健康維持）

甲方可依據乙方須具有之大眾文化藝術人之資質與人品提供必要之教育，且乙方若有罹患憂鬱症之傾向時，可在乙方之同意下提供適當之治療支援。

第8條（商標權等）

甲方於契約存續期間擁有包含本名、藝名、暱稱在內之乙方所有姓名、照片、肖像、筆跡等乙方之獨立性展現之事務，並得開發商標、設計等等著作財產權，且甲方有權以其名義登記或使用（包含第三方授權）於乙方演藝活動或甲方業務相關之權利。但是契約結束之後所有權利即移轉於乙方，而甲方開發著作財產權所花費之費用等情況，可向乙方要求相當之報酬。

↓過往連藝名都屬於經紀公司所有，因此與該經紀公司契約結束之後會面臨必須改名之窘境，但如今不論是藝名，包含照片、肖像等商標權於契約結束後即刻移轉於歌手藝人。但是團體名稱由於不屬於個人，是屬於經紀公司製作，因而所有權利義務於該團體解散時即屬於經紀公司。也就是團體成員離開經紀公司之後，若想要繼續使用同樣之團體名稱活動，須經該經紀公司同意方可使用，多半會採用給予該團體活動收入之一部分為條件。

第9條（隱私權等）

1. 甲方僅於契約存續期間擁有包含本名、藝名、暱稱在內之乙方所有姓名、照片、肖像、筆跡等乙方之獨立性展現之事務，且有權以其名義登記或使用於乙方演藝活動或甲方業

務相關之權利，並於契約結束之後該權利即刻消滅。

2. 甲方因前項取得之代行權限，不可毀損或侵犯乙方之名譽或人格權之作為。

↓肖像權與隱私權之差異，在於肖像權為個人人格權之基礎權利，然而隱私權包含肖像權與姓名權在內，是屬於財產層面之重點。使用歌手藝人之肖像或是姓名而有財產上之獲益時，須經由協議分配率分配該利益。如果專屬契約期間結束後，還持續使用過去所有之肖像、照片等之情況，則視為侵犯隱私權。

第10條（內容歸屬等）

1. 契約存續期間，與乙方相關之甲方開發、製作之內容（本契約中所指「內容」為乙方之相關演藝活動，以及透過第4條第2項之媒介開發製作之成果物）歸屬於甲方，而為使用乙方表演內容之必要權利於發生之同時自動歸屬甲方。

↓經紀公司擁有製作專輯之著作鄰接權中的唱片製作人之管理權，並受70年著作權之保護。且契約存續期間，歌手藝人表演內容之管理權也在經紀公司手裡。萬一該歌手藝人離開該經紀公司後，販賣同一唱片、音源時，即侵犯著作鄰接權（管理權）。如果經由著作權人同意重新編曲錄製時雖能夠販賣，但是會受限於第10條第3項之規定。

2. 契約結束後產生前項之賣出額時，甲方須給付乙方賣出額之＿＿%，並以＿＿個月為單位支付。但若乙方有須支付甲方之金額，可從上述結算之金額中扣除，甲方亦可因乙方之要求，於提供結算金額之同時提供相關結算資料給予乙方。

↓契約雖然已經結束，但過去歌手藝人參與之內容若仍有收入，即需要依據一定比率分配經紀公司與歌手藝人應當獲取之收益。

3. 契約結束後一年內，乙方不得製作使用或販賣甲方為乙方開發製作之內容素材相同或類似型態之內容（例如歌手重唱同一首歌曲之唱片、數位檔案等等錄音物）。

↓這是為了避免該締結過專屬契約之經紀公司的管理權與使用相似內容，會導致侵害之一定期間之限制。

4. 本條相關規定，甲方須依據大韓民國著作權相關法令，承認受保護乙方之著作權與著作鄰接權（表演權），乙方對於自身之著作權與著作鄰接權（表演權），得積極協助甲方內容物流等擴大賣出額與收益架構之變化。

↓管理權雖屬唱片製作人也就是經紀公司所有，參與演唱、伴奏之歌手亦擁有表演權，即使專屬契約結束之後，該表演權費用亦須支付給歌手藝人。因此，經紀公司若想活用自身之管理權並追加內容，皆需獲取擁有著作鄰接權之歌手藝人針對表演權之許可。

第11條（權利侵犯之責任）

第三人若侵害到第8條至第10條所規範之權利時，甲方得依據權責與費用排除該侵害，乙方亦得協助甲方進行排除侵害之處置。

第12條（收益分配等）

1. 透過本契約獲得之所有收入由甲方受領，並依據本條第2、3項分配。但，以團體之成員活動時，該演藝活動之收入須依據團體人員數分配。

↓收入分配內容也是主要交易糾紛之一，特別是偶像團體成員數眾多，分配之收益亦會跟著減少，相對容易對於分配之收益有所不滿。再者，有進行演藝活動之成員與沒有進行演藝活動之成員之間的差異，也會引發誤會與不滿。但即使是商業音樂歷史悠久的美國或是日本，也都採行這樣的方式經營，總歸重點就是人氣成員能夠獲得夠多的收益，這也是市場理論不可避免的模式。只是經紀公司需要讓沒有活動機會的成員不覺得被孤立，並積極提供自我開發與累積多樣經驗之機會。

2. 唱片與內容販賣相關之收入，扣除各種手續費用、著作權費用、表演費用之後，甲方與乙方共同分配，其分配方式（浮動制度）、具體分配比率，由雙方個別協議訂定。

↓販賣唱片與音源之收入固定之分配比率條文。前文數度提及過往以唱片為主的市場，如今已經轉換成以音源為主的市場，但是音樂收益卻尚未有完整的制度。尤其是著作權費用、物流公司之物流費用、服務公司之手續費用外，尚有經紀公司與歌手藝人分配之方式，現今音樂收益之費用，也造成現階段經紀公司的分配率高於歌手藝人之分配率。經紀公司分配率高的原因，在於專輯製作需要投入大量金額，而風險在於經紀公司之故。過往依據販賣CD之數量，以每張固定之金額分配之方式，然而近年來唱片市場少見可銷售十萬張以上之專輯（二〇一四年為基準，銷售十萬張以上之唱片僅有十四張專輯），而採用扣除支出費用之收入的10%～50%比例訂定之情況較多。這裡所謂費用係指專輯製作費，音樂著作、行銷費用、CD、DVD費用等。新人時期分配率較低，較具市場之歌手藝人則會獲得較高之分配率，而上限就是50%。浮動制度則是依據賣出額度高則分配率相對高的型態，也就是當專輯賣出一億韓圜時為10%、一億到三億韓圜時為20%、三億韓圜以上時為30%之分配比率給予歌手藝人之方式。

3. 演藝活動相關收入之收益分配方式（例如：浮動制度）或是具體分配比率，須由甲方與乙方個別協議訂定之。此時所謂收益分配所需分配之收益，係指乙方演藝活動所有之收入扣除乙方正式演藝活動現場直接支出之費用（車輛保養費用、食衣住費用、交通費用等等演藝活動必要之支出費用），以及廣告手續費用、其他甲方於乙方同意下支出之費用而言。

↓支付給歌手藝人之演藝活動之收入分配率高於音樂販賣收入之分配率，這是因為歌手藝人直接參與現場活動而產生之賣出額之故。一般扣除費用後，歌手藝人可以分配到該場活動收入之30%～70%，新人的比率會較低、特A級之歌手藝人幾乎能拿到超過70%的收入。有時為了公司股價或是經濟價值，會在簽約的時候約定超過70%之情況，造成經紀公司沒有實際收入。再者，扣除費用之明細亦需詳細記載於契約當中，以避免之後發生紛爭。此處若沒有明示規範，可能會出現比歌手藝人想像更多之扣除費用，也是累積不滿導致往後出現法律紛爭之原因。什麼樣的扣除費用，依據不同經紀公司有不同的計算方式，沒有一定的答案，因而契約之簽訂需要詳細說明並充分理解後，才能夠沒有任何疑慮的專心進行演藝活動。與其新人階段辛苦忍耐，等到成名後取得發話權才對低分配率之問題而想毀約，不如一開始就採用浮動制度，於契約載明超過一定金額以上分配比率及增加之條文，對於雙方皆有利。

4. 甲方於經紀管理權限內，對於乙方於演藝活動必要能力之學習與養成教育（訓練）所需支付之費用需全額負擔。不得在乙方反對之下要求乙方負擔不必要之費用。

↓每個經紀公司皆會將養成教育之出當成一筆費用處理。教育受訓期間長則費用就跟著提高，需要雙方協議費用包含之範圍且當日後有收入時費用扣除的方式。

5. 乙方與演藝活動無關之費用不得要求甲方負擔。

↓如前述經紀公司不得要求歌手藝人負擔任何費用，萬一有這樣要求的經紀公司，則建議不與這類經紀公司簽約為佳。

6. 歸責於乙方之事由，甲方得代替乙方賠償第三者，其代替賠償之金額可優先於乙方收益中扣除。

↓因歌手藝人之過失，經紀公司代為賠償第三人之情況，往後可於經紀公司分配歌手藝人之金額中扣除之意。

7. 甲方分配於乙方之金額須於每月（　）日計算，並於次月（　）日為止支付於乙方指定之帳戶。但難以每月計算之部分可告知乙方，並協議依據一定週期計算且訂定支付日期。

↓過往唱片與音源收益和計過晚之故，往往都會拖延半年到一年才結算一次，但是近來多為每月結算，最長結算時間頂多一季（三個月）結算一回給歌手藝人。但是，唱片、音源販賣的時間點與結算時間還是有差異，所以歌手藝人最終拿到收益分配的時間也就或多或少會有差異。例如二〇一四年一月販賣之音源，要經過服務公司與物流公司才會回到經紀公司，而經紀公司最終分別分配給歌手藝人的時間，加總也會有約四到五個月的時間差異。但是與唱片、音源不同，廣告等活動收入一般會先收取簽約金、活動當天給付剩餘費用，因此大約活動後一、兩個月以內就可以拿到分配金額。然而，雖然會有經紀公司不遵守匯款日期的問題，但若經紀公司於問題發生時馬上尋求歌手藝人之理解，就不會構成應結算而未結算之違約（專屬契約）事由。

8. 甲方於計算支付同時，須將計算相關資料（總收入與扣除費用內容等可檢具書面文書之資料）一併提供予乙方。乙方於收到計算相關資料起三十日內，針對計算內容中扣除之費用有過多或過少之疑問時，可向甲方提出異議，甲方需要誠實提供計算根據。

↓經紀公司結算之金額需一同附上結算書面資料給歌手藝人，過去那套「給付多少錢請收下」的方式現在已經不適用。現今大部分之結算資料已經有計算的標準，因而地點、費用之內容皆可詳細記錄並提供查閱。經紀公司、物流公司以及各個簽約公司皆有具體

資料以及會計資料管理之固定模式，所有資料皆可提供不需隱藏，也能夠避免誤會與不理解的問題。具一定規模與相當系統制度之經紀公司，即能每月結算以及向歌手藝人詳細說明過程。例如經紀公司或是歌手藝人本人之A曲提供B音樂服務公司使用，事後閱覽結算資料即可知該曲累積、事後結算可能，同時也能夠依據資料詳細說明並確認。

9.甲方與乙方各自負擔各自需繳納之稅金。

↓稅金問題意外的也非常重要。一般大眾喜歡歌手藝人進而追隨歌手藝人，但卻還是有歌手藝人是「吃喝玩樂的幸運兒」的想法，因而若因負責人過失，使得稅金累積金額過高的話，不但會使經紀公司蒙受損失，也會破壞歌手藝人的形象。

第13條（確認與保證）

1.甲方須確認與乙方締結契約時，有能力依據第5條第1項經紀經營之權利與義務，提供必要之人力、物力上之支援。

↓為防止經紀公司沒有經紀管理能力卻簽訂專屬契約，並以該契約獲得歌手藝人之所有權利之條文。也就是必須具備經紀管理權利與義務之必要能力，否則可以根據本條文廢止專屬契約。

2.乙方得確認並保證甲方下列事項。

(1)本契約締結有效期間保有相關必要權利與權限。

(2)本契約之簽訂不得侵害第三人之其他契約。

(3)契約存續期間，不得與第三人締結牴觸本契約之契約。

↓理由相同，為防止歌手藝人與第三人簽訂專屬契約，或是已預先與其他經紀公司簽訂專屬契約之條文。萬一出現這種情況，該經紀公司得依據本條文不用擔負法律責任。

第14條（契約內容變更）

本契約內容之一部如有變更需求時，須依據甲方與乙方書面協議方可變更，依據書面協議變更之事項自隔日起生效。

第15條（契約解除與廢止）

1.甲方或乙方有違反契約之約定時，得要求違約方於十四日內更正違反事由，期限內未完成更正違反事由時，可解除契約並要求損害賠償。

↓不遵守契約時，當然有要求解除契約之權利。但歌手藝人本人為內容商品，因此出現這樣的問題，對於自身形象也有不好的影響，而經紀公司也可能會利用這一原因。但是近年來歌手藝人漸能爭取自身權益，找不到解決方式時也能夠訴諸法律，而大眾也對於此一行為接受度日高。只是若能在浮出檯面之前，與經紀公司協議商討解決方式會更好。

2.甲方依據契約內容確實履行自身義務，而乙方於契約存續期間意圖破壞契約時，乙方須

支付給甲方前項之損害賠償，與額外的契約解除為基準日之前兩年間每月平均賣出額乘上契約剩餘月分數之金額（乙方之演藝活動未達兩年之情況，以實際有賣出額期間之月平均賣出額乘上契約剩餘月分數之金額）為違約罰金。此一情況下，契約剩餘期間並非依據第3條第3項之規範時，依據第3條第1項契約內容，超過七年之期間不計入剩餘期間。

→有許多原因造成歌手藝人一旦「走紅」後，就會想與原有經紀公司解除或終止契約而與其他經紀公司簽約，抑或想獨立的情況。當然就像前述第15條第1項內容一樣，經紀公司可依據不遵守契約內容之要求解除契約，而就算不要求解除契約，亦有因其離開經紀公司之行為所造成之違約而要求損害賠償之條文。因此，也有明示一定金額之損害賠償之情況，一般不稱為「違約金」而稱為「違約罰金」。雖然定義相似，但是違約金依據情況可減少金額，然而違約罰金則無法調整。但並非違約罰金即可無上限，需要依據雙方針對投資金額之倍數協議同意之下決定。

3. 契約解除之當下，已經產生之當事人之間之權利義務，不受契約解除之影響。

→也就是過往互相約定之契約內容就算契約已解除，仍不影響其已確認之演藝活動的效力。例如契約已於二〇一四年十二月三十一日解除，二〇一五年三月十五日須參加之特定活動，只要活動方確實支付金額，活動當天歌手藝人雖無契約在身，亦有參與該活動之義務，而經紀公司亦須結算該場活動之費用給歌手藝人之義務。

4.乙方罹患重大疾病或受傷，導致演藝活動無法繼續時，契約終止。然甲方不得向乙方請求損害賠償。

↓依據罹患什麼疾病或是受到什麼傷害來決定，萬一事情發生時須由雙方協議後續事宜。但須針對若疾病痊癒或是想再度從事演藝工作時，與原本之經紀公司會有什麼樣的關係，需商議明確定義較佳。畢竟因為疾病而導致契約終止，無法進行演藝活動之情況，屬不得已之假設情況。

第16條（保密協定）

甲方與乙方針對契約內容，以及基於契約獲得之對方之業務上祕密，無正當理由不得告知第三人，契約結束後亦有保密之義務。

↓大部分契約皆有保密協定，且為契約締結之基本條件。本書明示之費率或是條件皆為法律規範因而需要確實記載。然而非此情況下，也有不須清楚載明之理由。但是例外為法庭公開、國會報告或是報導公開之情況。

第17條（紛爭解決）

1.本契約發生之所有紛爭須先由甲方與乙方自行解決

2.依據前項仍無法解決之情況，可採行下列＿＿＿＿方式解決。

(1)依據仲裁法設置之大韓商事仲裁院仲裁

→仲裁係指該糾紛採用該紛爭領域內之專家學者（法界經歷十年以上律師、實務經驗十年以上者、大學教授經歷五年以上者等）進行判斷解決之制度[11]。採用這個方式比起訴訟所耗費之金錢與時間相對較少，也能夠避免歌手藝人之私生活受到輿論之侵害。再者，爭訟之雙方當事人能夠選擇仲裁人，也較能期待公正的判定。然而韓國至今對於仲裁之意識較為薄弱因而使用率不高，然而訴訟往往需耗費雙方大量精力，期待往後能夠多活用這項制度。

(2)依據民事訴訟法於法院之訴訟

→一般經紀公司都設立於首爾，因而多半於契約上指定首爾地方法院為管轄法院。專屬契約中會明示當出現紛爭時，會於仲裁、訴訟中擇一來解決紛爭。

第18條（兒童、青少年之保護）

1. 甲方須保障兒童、青少年藝人之身心健康、學習權、人格權、睡眠權、休息權、自由選擇權等基本人權。

2. 甲方於經紀經營契約締結時，須確認藝人之年齡，若為兒童、青少年之情況，則不可以盈利或票房為目的要求過度曝光之宣傳行為。

3. 甲方不得提供兒童、青少年藝人過長時間之工作。

→近年來因與年幼之未成年者締約之情況增加，需要特別注意這部分事項。美國為保護此一情況，法律有明定相關細部事項，而韓國則是未達美國之水準。雖然國情不同，但經紀公司亦須朝保護未成年之歌手藝人之路努力。

第19條（附帶協議）

1. 甲方與乙方針對契約內容有所補充，或本契約未約定之事項時，得以附帶協議訂定之。
2. 乙方為團體之一成員而進行演藝活動，可針對第8條（商標權等）至第10條（內容歸屬等）之規範另外協議訂定之。

↓當成為團體之一員時，除個別訂定之契約外，有追加之必要事項產生時，可另外訂定附帶協議。

3. 依據第14條契約內容之變更與本條第1項之附帶協議，限定於不違反或違背本契約內容之範圍內為之。

為證明本契約之成立，本契約一式兩分，甲方與乙方簽名後雙方各執一分並妥善保管之。

締約日期：　年　月　日

11 仲裁的意義，大韓商社仲裁院。http://www.kcab.or.kr/jsp/kcab_kor/arbitration/ arbi_01_03.jsp?sNum=0&dNum=0&pageNum=1&subNum=1&mi_code=arbi_01_03

締約場所：

甲方：經紀公司
地址：
公司名稱：
代表人：　　　　印

乙方：藝人
地址：
出生年月日：
姓名（本名）：　　　　印
「個人印鑑證明 附件」

乙方之法定代理人（乙方未成年之情況）
與乙方之關係：
地址：
出生年月日
姓名（本名）：　　　　印

「個人印鑑證明 附件」

→契約締結之日期非常重要，所有法律依據之基準就是日期，因此不可空白，必須載明具體日期。再者，為避免發生法律糾紛，一定要附上個人印章與印鑑證明文件。

〈附錄〉

1. 附帶協議書

→契約若有追加約定事項時，會訂定附帶協議書。特別是專屬契約雖為個別締結，但是數名成員共同進行之團體活動時，共同適用部分亦有放進附帶協議書之情況。

—9—可參考之範例交易基準

公平交易委員會制定「演藝經紀產業範例交易基準（二〇一二年十月三十日，公平交易委員會服務業監督科）」。

演藝經紀產業歷來不公平之契約已成慣例，為了預防過度侵犯人權，於是採用範例交易方式引導，以及出現紛爭時的相關教戰手冊，因而出現此一基準。簡單整理如下：

經紀公司之基本資訊[12]、財務公開

現行規範下，經紀公司只需要在稅務單位進行商業登記，並沒有額外需要取得許可或是報備申請之規範，屬於不需要資格證明之事業經營範疇，因而可能因其管理狀況產生不同大小的社會問題。像是冒充有名的經紀公司或是藝人之經紀人，假借各種名目收取費用、欺騙求職者等事件，為防止這些詐欺事件，因而需要經紀公司公開基本資訊與財務狀況。

公平收益與具體制定製作行業兼營之遵守規範

目前因經紀公司走向大型化公司之故，多半都會設置製作部門，並依此要求公司旗下藝人使用自家公司著作物或是強制要求演出特定節目，此一遵守規範就是針對這部分問題提出限制措施。例如所屬藝人之收益與費用必須分別管理，兩人以上共同表演之情況（舞蹈歌手團體等）需要個別管理。另外，要求旗下藝人演出公司之著作物時，亦須獲得歌手藝人之事前同意，且不能因為歌手藝人不同意而做出不利於歌手藝人之行為。

增加禁止對演藝人員表示意見之限制

相較於演藝工會對藝人保護完善之美國等先進國家，韓國目前則是經紀公司取得強悍主導權，需要將此規範列入經紀公司禁止之行為，才能在交易上保護歌手藝人，也就是不可以限制歌手藝人表達意見之權利。

一10一偶像團體

偶像團體為K-POP韓流主要角色，深受大眾愛戴。有人主張偶像團體的流行導致音樂多樣性消失，然這並非準確之因果關係推論。事實上，可以視為音樂產業環境變遷與商業音樂發展之必然現象，如前文提及之商業音樂發展，使得偶像團體進化同時發掘不同種類之歌曲，歌手藝人也能夠獲得更多的愛戴與歌迷人數的提升。因而最後我們要探討目前最具人氣之議題，也就是偶像團體。

K-POP人氣之領導者

偶像團體聚集不同風格之成員，各自具有不同特色、散發多樣魅力，不僅在韓國非常火紅，也能夠席捲全世界。特別是在內需市場小，無法容納多樣音樂共存的韓國音樂市場，擴展海外市場也是偶像團體目前的培育趨勢。特別是在經紀公司從練習生開始熬起，耗費十幾年訓練而成立之偶像團體，目前是全世界引領K-POP潮流的重要主角。只是，在目前整體市場

12 需要公開之基本資訊：經紀公司與其代表（負責人）之基本資訊（名稱、地址、經歷等）、設備與人力資訊。

僅依靠音樂是無法擁有固定收入之情況下，演出電視劇、電影等能夠讓收益有所變化與突破，偶像團體成員具有不同風格、散發不同魅力的部分，也是讓該團體之音樂活動能夠持續成長的優點。但是，會產生成員之間收益分配等的問題，而這個問題會讓人氣團體瞬間走入歷史，因而需要積極管理與思考解決問題之對策。

偶像團體成員間之問題

相較於過往之偶像團體，現今的偶像團體的活動範圍更為多樣化。過往成員之間同質性較高，不論是音樂風格或是個人特性都具有相似性，或是從小就相識的朋友，因為個性相近而組成一個團體。但是現今多為企畫執行，也就是透過企畫聚集多樣個性風格、歌曲、饒舌、舞蹈等方式選出團體成員，因而成員之間異質性較高，較難有統一的風格。

正式出道之前，懷抱著一顆夢想的心，雖然看不見未來卻認真朝目標邁進，而正式出道、擁有一定人氣之後，個人的夢想就會重新燃起，因而容易導致成員之間出現問題，若再加上歌迷數與人氣指數之高低問題，則可能會更加嚴重。

由於團體名稱與專輯之權利在經紀公司手中，因而一旦發生問題選擇退團，對於團體的形象大傷，因此多半都會先選擇隱忍。但是如果真的無法繼續忍下去時，就需要確實表達意見，讓經紀公司先從內部尋求可以解決問題的方式，才是最好的模式。

成員間之契約時間與分配率

團體成員會因為持續更新的團體風格，採用「分開競合」的方式，從事不同種類的個別活動以及團體活動，以多樣並行的團體風貌呈現給大眾。偶像團體成員的契約多半是個別簽約，也因為這樣，會讓人認為經紀公司是故意個別與成員簽約，以不同的簽約期限來牽制成員的活動，但是，目前多數的團體都是在出道前兩、三個月才確定最終成員，先前所簽訂的個別專屬契約的期間與日期也都不盡相同，確實會影響分配率或者該說是影響後續簽約之條件商討的可能性。

這裡所謂的分配率，並非指團體活動所獲得之收益以N分之一的方式分配之基準分配率，而是以團體成員有五位的活動，扣除其他費用獲得一千萬韓圜之收益時，每位成員分別獲得二百萬韓圜的收益為基本分配率。而依據個別契約訂定之分配率則略有差異，例如五位成員中一位是既有藝人，活動的經驗較其他新人成員多，就會有較高的分配率，其中一位成員是透過中國大陸代理商選出在中國大陸境內活動之分配，就會與其他成員不同。

年紀輕輕成為明星這件事

電影《窈窕奶爸》（Mrs. Doubtfire）中七歲就出道的演員瑪拉・威爾遜（Mara Wilson），從她的訪談中知道幾點事項。七歲，並不是一個成熟的年紀，遠在成為青少年時期之前的兒童

期，就成為一位歌手藝人，在價值觀尚未成熟、社會經驗不足之下就嚐到走紅的滋味，大眾可以在電視上看到他們，進而喜歡他們，容易將他們當成自己的朋友、鄰居一樣的看待。加上歌手藝人多半需要成為大眾的楷模，會使小明星無法有正常的生活樣貌[13]。當然這也是成為歌手藝人所必須承受的事情之一，因而小明星的父母需要認真思考是否能夠承擔這樣的問題。

雖然獲得大眾的愛戴有許多歌迷，如果對於日程沒有責任感，就像不付錢就想將商品佔為己有一樣。創作出好聽的音樂讓大眾聽、讓大眾喜歡就會變得有名，而有名氣總是要付出些許代價。包含歌手藝人在內的演藝人員，皆被認定為法定公益人物，因為他們「比起一般人出現於螢光幕的機率高，容易受到大眾關心矚目，因而需要積極主導言論。有時會有較激烈的報導，但是透過這些報導，歌手藝人也會變得有名，進而容易利用輿論。」[14]

—11— 整理歸納

1. 當歌手藝人會有相當之激烈競爭，也可能會有無限期準備等待的期間，必須要有相當的認知方可挑戰。
2. 歌手藝人志願生要準備的事情
不要只聽取周邊人說自己表現非常好的評語，或是自我陶醉於自己的音樂當中，需要將音樂讓這個世界聽到，以獲取客觀的評價。

(1)錄下自己的音樂

(2)宣傳錄製之音樂

(3)確立歌迷團體與創作故事

3. 商業音樂中歌手藝人的意義

若無法擁有具個人特色之音樂，那不能夠稱為工作，僅僅是興趣而已。

(1)你是商業主體

(2)你的賞味期很短

(3)需要有個人獨有特色

4. 與經紀公司簽約

需要能夠將自己塑造成歌手藝人之經紀公司並與其簽約，就像原本是陌生的兩人，經由結婚這個法定程序之後成為家人一樣，歌手藝人與經紀公司也需要慎重選擇並締約。

(1)專屬契約

歌手藝人可以維護自身權益與善盡義務

---

13 Mara Wilson(2013.05.28). 7 Reasons Child Stars Go Crazy (An Insider's Perspective). Cracked, http://www.cracked.com/blog/7-reasons-child-stars-go-crazy-an-insiders- perspective_p2/#ixzz3NOFHetfU。

14 全熙樂（一九九四），媒體與論名譽毀損相關事例研究報導與名譽毀損，韓國輿論研究院。

⑵提供參考之範例交易基準

5. 偶像團體

從小就出道的歌手藝人，不僅本人，其周圍之人士也應關心與理解他們。以偶像歌手出道的歌手藝人，要能針對未來可能發生之情況提早準備，方可有智慧的解決問題點，再者就是不陶醉於自我的高人氣中，持續探索音樂的初心。

本章探討成為歌手藝人之前需要考慮的事項，以及當上歌手藝人後需要認真思索的事項。下一章我們要研究的是在商業音樂中，經紀公司的角色與其制度之比較。

06 經紀公司

音樂製作、音樂產業的中心

沒有一顆星星能夠獨自發亮，星星都是藉由他人的光線發光發亮。

——電影《黃金魚場》（Radio Star）台詞

商業音樂初創時期，多半只有歌手藝人與經紀人兩人闖蕩。歌手藝人創作音樂、演唱音樂，經紀人則是負責對大眾宣傳歌手藝人之音樂，讓歌手藝人能夠上電視台、公演舞台等等，進而能夠獲得大眾的喜愛。經紀人甚至於還要身兼唱片製作人、投資製作之角色，或是從外部找尋投資者。只是，這個時期對於締結簽約的法治觀念較為薄弱，或締結不公平的契約。因而若專輯成功出名時，反而會因為收益分配的問題而產生各種訴訟，反目成仇成為冤家，就結果來看，還不如專輯失敗必須共度艱辛的結果，畢竟後者還能夠維繫雙方良好的關係。

事實上，目前為止，經紀公司的話語權還是比歌手藝人大，然而近來歌手藝人勢力也逐漸壯大，產生了歌手藝人自身的品牌，說話的分量亦有增加的趨勢。不論是以歌手藝人為中心之美國，或是相較於韓國，更以經紀公司為主體的日本，由其商業音樂的模式案例，都可以發現在目前的娛樂產業中，明星的重要度已逐漸強化。

然而，無論歌手藝人的話語權增加多少，即使擁有經紀人與唱片製作人，沒有經紀公司仍然無法成功。因為歌手藝人是商業音樂的主角，而經紀公司就是創造主角、創造收益，也就是製作商業音樂之音樂的主要中心。

多數人會誤會經紀公司賺走大部分的錢、壓榨歌手藝人，雖然有部分經紀公司的確會違背契約或是進行不合理之分配，只是當輿論放大這個問題時，更容易加深這個誤會。因此目前法規就是要遏制這樣的事情以保護歌手藝人，目前依據契約公平的分配利潤，已為社會多數人所認同，這也會讓想要與過往一樣從事非法行為的經紀公司越來越難以生存。雖說經紀公司尚需承受許多著作人的作品失敗導致金錢上的損失，然而資本社會中透過公平的競爭，一定會有成功或失敗的案例產生，只是不論是經紀公司或是歌手藝人，都是為了成功而需要大量金錢與時間的投資方可往成功邁進，經紀公司確實也不應將歌手藝人當成壓榨的對象。

本章就是要探討比較美國與日本之經紀人制度以及相關事例，專輯企畫製作之過程、經紀公司之角色、經紀公司收入與支出內容，來說明經紀公司為什麼會是商業音樂之主要中心。

1 經紀管理制度比較

每個國家之法規與社會架構不同，因而有不同的娛樂歷史、不同的娛樂產業之經紀管理制度。經紀管理制度具有多重意義，本書將經紀管理制度定義在歌手藝人與經紀人、唱片製作人等參與商業音樂之間的關係。

美國經紀管理制度

擁有這世界最頂尖的商業音樂市場的美國，也是歷經許多不同的制度變化，才演變成為現今的商業模式。美國是以歌手藝人為中心，歌手藝人直接與經紀人、律師簽訂代理契約，也就是採用雇用方式之制度。相反的，韓國的經紀公司是以公司為主軸，旗下有歌手藝人、個人經紀人、商業經紀人、代理等等。

從歷史角度切入，美國於一九二〇年代開始以歌手藝人屬於大型製作（production）公司的方式進行，經歷一九六〇年法律規定，將經紀經營與代理分開之後，走過一段混亂時期，直到一九八〇年代方確立沿用至今、以歌手藝人為中心之體制。突然提起這段歷史的原因是，美國的經紀經營體制經過漫長歲月不斷嘗試不同的模式，這些失敗的模式，都成為資本主義與娛樂產業發展之成長養分，因而在此特別強調美國這段歷史。有人認為韓國的商業音樂比起美國的大型娛樂產業落後的理由，是因為落後的經紀管理制度，然而這樣的說法，並沒有考慮到韓國相對於美國的娛樂產業來說，其歷史不僅短暫且具特殊性。

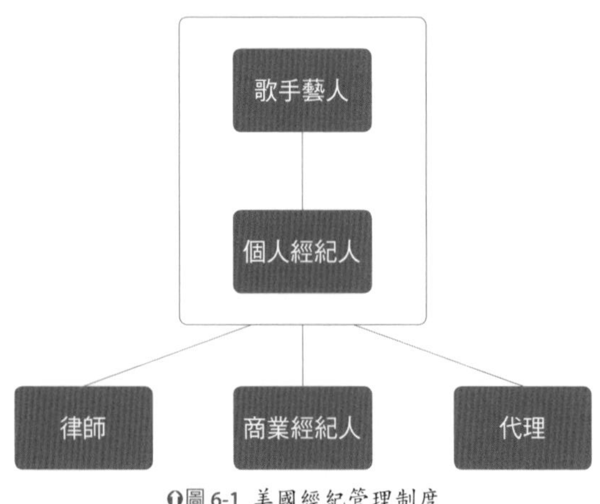

圖 6-1 美國經紀管理制度

首先就來探討美國的經紀管理制度：

(1)個人經紀人（personal manager）

個人經紀人係為歌手藝人與外部聯繫之橋樑，經紀人是誰即為掌控商業音樂是否成功的最大關鍵要素。PSY能夠在全世界獲得成功，除了〈江南 style〉這首歌以及PSY的個人魅力外，能夠與有名的演藝經紀人斯庫特・布勞恩（Scooter Braun）簽約也是最大因素之一，斯庫特・布勞恩建立之SB Management[1]公司與小賈斯汀（Justin Bieber）、雅瑞安娜・格蘭德（Ariana Grande）有合約關係，並於二〇一四年十一月與2NE1之成員CL（李彩麟）簽約，我們可以拭目以待CL在世界舞台上發光發亮。

下列為個人經紀人主要的角色：

- 決定所有活動：專輯製作、唱片公司簽約等
- 歌手藝人宣傳管理
- 組成商業經紀人（business manager）、律師（attorney）、代理（agency）團隊

個人經紀人須參與歌手藝人音樂活動相關之商業行為並為其做決定，同時也是歌手藝人在商業音樂中最重要的關鍵角色，因此支付其手續費部分收取歌手藝人收益約15%～20%的金額。而且是在扣除相關費用之前就先收取手續費，確實是一筆不小的金額，由於個人經紀人在商業音樂中擔任的角色有其關鍵價值，因而市場一般皆採用此一計算金額。歌手藝人的成功關鍵雖然在於本人的音樂與才能，但是商業化策略需要個人經紀人方能執行，這也是個人經紀人之功用之一，也就是將歌手藝人之音樂才能轉化成市場接受度高、能賺錢之角色。因此，若歌手藝人的賺錢能力更卓越，其實有更好的經營協助才能夠徹底發揮自己的能力才對。

1 譯註：http://scooterbraun.com/music。

⑵商業經紀人（business manager）

商業經紀人是管理與處理歌手藝人之收入、各種相對費用與投資、稅務業務。我們可將商業契約（與唱片公司簽約或是廣告合約等）想成是商業經紀人與個人經紀人共同業務即可。

因為是財務管理事務，所以在人選的部分需要十分嚴謹的選擇一位值得信賴的人，一般而言，這種事務的第一順位都會是家人。但這其實是非常危險的想法，只因為是家人就能夠信賴，進而委以擔任這個角色時，對於該事務之效率可能會產生問題，對於整個組織也可能會產生莫大的問題。

想要成為商業經紀人雖然不需要有任何資格證照，但是需要具有會計處理之能力，而會計處理人員具備之專業度越高，對歌手藝人越有利，同時也須具備商業思維。但是家人擔任商業經紀人時，會有無法客觀處理歌手藝人相關業務之可能，而歌手藝人亦無法在商業經紀人出錯時出聲指責。

歌手藝人會與個人經紀人協議商量應支付給商業經紀人的費用，通常是依據商業經紀人之能力給付，一般是以手續費（通常是5％），或是以月薪或時薪的方式支付。

⑶律師（attorney）

所有的締約過程皆需要律師協助並一一過目，特別是在美國簽訂契約書之內容，都像書籍一樣多達數十章，需要認真確認每一條條文，才不至於日後發生訴訟或是造成任何損害。不像韓國只會在問題發生後才找律師，美國是在簽約考慮階段即透過律師一條條進行審閱，律師需要針對契約書內容與歌手藝人協議（包含法律問題以及這樣做是否會有危險，該如何才能夠最大化獲利），是為律師在這個產業中最重要的角色。若無契約書，歌手藝人是不會有任何活動行程的。

律師大部分為時薪，時薪的基準（一五〇〜六〇〇美金）相當昂貴，偶爾也會有一定期間內給予月薪之情況，金額費用皆相當昂貴。然而若為了省下這筆費用而不雇用律師，就像汽車沒有安裝安全氣囊一樣，不僅危險且愚蠢。

(4)代理（agency）

代理係指在公演或是投資者、廣告演出、電視節目等讓歌手藝人有出場之交涉的角色。而代理對於歌手音樂活動（唱片販賣、著作權）是沒有任何（著作權）權利。法規上規定美國經紀公司[2]是不允許兼作代理，也就是經紀公司僅能透過代理方可進行演藝活動，以阻止大型經紀公司可能發生之蠻橫的作為。手續費一般而言是賣出額度之10%以內，歌手藝人之音樂活動

2　美國的經紀公司與韓國或是日本不同，是以歌手藝人與個人經紀人為組織中心，有時會搭配商業經紀人以及律師等外部人員，或是以協力方式進行。

不需支付任何手續費用。

日本經紀管理制度

若說美國是以歌手藝人為中心之制度，則日本就是嚴格採行經紀公司為中心之制度。歌手藝人為經紀公司（日本方面用詞為事務所[3]）所屬，經紀公司則每月給予月薪。所有歌手藝人之收入為經紀公司統一收取，並依據實際活動業績給予月薪。A級歌手藝人分配的金額相較於其收入比例較少，而新人階段的歌手藝人，即使沒有實質收入亦能夠每個月獲得月薪以支撐生活。也就是賺得比較多的歌手藝人補貼新人的方式，亦即經紀公司為一生命共同體之方式經營。不過，依據人氣或是業績而訂定之月薪差異也很明顯，A級歌手藝人之月薪可能高達數千萬至數億韓圜，而默默無名的歌手藝人一個月可能連一百萬韓圜都不到，甚至於不足以應付日常生活開銷。

與美國不同，日本的經紀公司是可以兼任代理業務，同時日本的經紀公司權限極大，少有經紀期間變動或是退出經紀公司之情況，這不僅符合日本娛樂產業之特性，更是考慮了日本整體社會特性而有的發展模式，因而其發展理由並不難以理解。

日本的娛樂產業透過月薪制度，強化職業之永續性，亦與日本社會對於終身職場的想法一致，因此歌手藝人若於活動期間因為報酬問題而想轉換經紀公司，容易被整個演藝市場排擠[4]。

當然，日本也是有要改變這一制度之呼聲，像是給予特A級的歌手藝人更多獎勵的契約，或是不要無條件的給予剛出道的歌手藝人月薪等之意見。

韓國經紀管理制度

韓國的制度介於美國與日本之間，美國歌手藝人需負擔收益與支出費用，而日本則是由經紀公司全權負責，韓國則是採用收益分配給歌手藝人，而費用則由經紀公司負擔的方式。雖然會於分配前先扣除相關支出費用，但由於大部分經紀公司在練習生階段，都是公司全額給付相關費用，出道之後練習生時期之費用則一筆勾銷，反而僅依據實際活動業績為基準，進行收益分配，因此韓國的經紀公司可說是負擔相對高的風險。且韓國與日本還有不同的一點是，在契約結束之後可以任意轉換不同的經紀公司，因而經紀公司的風險也會相對增加。

(1)經紀人之角色

韓國經紀人的角色非常重要，經紀公司的代表（負責人）中，也有許多人是經紀人出身，由此可知，極度重視電視宣傳的韓國，經紀人是不可或缺的重要角色。

3 譯註：此處韓文原文是使用 기획사，直譯為企畫公司，本譯稿選擇將該詞譯為「經紀公司」，然原文有括號註明日本稱為「事務所」，以此說明。

4 金學真（2001），韓國文化產業明星制度探討，中央大學碩士班。

與歌手藝人商討音樂走向與製作專輯、簽約的業務是由理事級經紀人主導，室長級經紀人則是處理歌手藝人個人公開問題，以及經紀管理重要事項之整理，現場經紀人則是隨時與歌手藝人一同行動，負責一般現場管理。

美國的情況是，歌手藝人雇用個人經紀人（personal manager）與商業經紀人代行公演、廣告簽約並與代理職責區分，韓國則是理事級（高階管理）經紀人具有個人經紀人與代理的角色，室長級（部門管理）經紀人與現場經紀人則是與歌手藝人一同管理歌手藝人個人與其活動。而依據經紀公司規模大小，一位經紀人需要負責多樣業務，或是多位經紀人一同分工合作。

⑵現場經紀人

需與歌手藝人一同行動之經紀人，初次從事經紀人事務，都會從這個階段開始學習如何走進這個行業、什麼時候需要做什麼樣的準備作業，以及在現場會遇到什麼樣的情況。有時會與練習生或是新人偶像團體一同合宿，亦要負責載送歌手藝人往返學校、家裡、公司、電視台，因此開車能力亦屬於必須具備的條件之一。

現場經紀人要做的事情比想像中的多且重要，通常需要彙報歌手藝人之通告與動線、現場情況以及電視台或訪談會以什麼樣的型態進行，確認並告知歌手藝人。由於要代替歌手藝人先行探查等，行程很忙碌，因此需要仔細收齊相關支出費用之收據並向公司申請與報告。由於現場經紀人是從商業音樂最基層開始學習、體會，往後有機會能夠成為經紀公司之代表（負責人）或是作詞、作曲人的可能。

(3) 一人經紀公司

與原本經紀公司發生問題或是與經紀公司想法不同時，歌手藝人會自行成立一人經紀公司。但若不是已有固定粉絲或是具有一定的音樂實力、個人色彩且屬於特A級之歌手藝人，很難持續經營。有段時間，一人經紀公司非常流行，歌手藝人紛紛投入，各據一方，經營自己的經紀公司。

一般情況下，經紀公司會由一人負責數名歌手藝人的事務，例如稅務、會計負責人管理數名歌手藝人之財務。而站在經紀公司的立場，歌手藝人的活動宣傳期間需要平均分配，才能達到最大的宣傳效果，這是一人經紀公司無法做到的。當然一人公司相較於需要管理數名歌手藝人的情況，較能集中精力於單一歌手藝人身上，但是對於公司經營需要實質獲利的部分，卻不是一件簡單的事情。

下個章節我們就來看經紀公司在專輯的製作上需要歷經哪些程序。

2 專輯製作過程

下列為專輯製作之程序

專輯企畫

依據歌手藝人的個性，會有不同的專輯企畫方式。若是歌手藝人自己創作的曲目，會與公司一同討論哪一首曲目適合專輯的風格概念。雖然不同公司會有不同的做法，然而重要的主打歌選擇與風格概念，都會與代表（負責人）與室長級（部門管理）的經紀人[5]討論。如果是從外部徵選的歌曲，會確認是否符合歌手藝人的形象來完成專輯的企畫。

(1) 概念（concept）會議

依據歌手藝人的特色與時代的趨勢，討論專輯整體安排的流暢度。近年來，歌手藝人能夠成功的關鍵，在於是否掌握到適當性。與既有的歌手藝人是否有差異、如何展現其魅力讓大眾知曉，都是非常重要的環節，這是最辛苦也是最重要的部分，也是參與討論的人員需要認真思索的一環。舉例來說，即使是性感的風格概念，也需要細部確認，以及考慮歌手藝人的性向或外貌特色，是否可以有多樣化的定位，有沒有掌握到與目前定位為性感風格概念的歌手藝人不同的特色。這一點非常重要，因為複製已經成功之歌手藝人的風格作為定位的模式，注定是會走向失敗的。

(2) 歌曲蒐集與選定主打歌

一般而言，透過A&R（artist and repertoire）[6]負責人蒐集試唱帶與進行試音（真正錄音之前的試錄階段）以決定專輯主打歌與收錄歌曲。選定主打歌的時候，除了歌手藝人的意見之外，還會參考公司內部不同的意見，最終決定權則是經紀公司的代表（負責人）。當然，代表對於其決定須負全部的責任，然而，歌曲錄音完畢之後，還是可以變更主打歌，有些經紀公司會依據錄音完成的母帶來選定主打歌。

歌曲錄音

作詞人或編曲人的工作完成後，將MR（伴奏音樂）送到錄音室，目前大部分都是採用電

5 譯註：韓國經紀公司的組織架構，代表理事為首，旗下分有經紀人部門、宣傳部門等，而此處的代表，應是指代表理事。經紀人部門之下會有不同歌手藝人之經紀人團隊，室長級經紀人可視為特定歌手藝人經紀人團隊的負責人。

6 譯註：在音樂業界中，A&R（artist and repertoire）是唱片公司下的一個部門，負責發掘、訓練歌手或藝人。A&R部門是擔任唱片公司和歌手之間的連結，幫助唱片公司的歌手在商業市場上獲得成功，同時也要開發、訓練歌手的能力。此外，A&R也經常需要負責與歌手簽訂合約、為歌手尋找適合的作曲者和唱片製作人，以及安排錄音時程計畫。

腦作業完成之音樂，因而只要改變主要樂器的演奏版本，就可以藉此凸顯歌曲特色。而依據情歌或是搖滾歌曲而略有不同，但大部分都是採用專業吉他手、貝斯手、鼓手的音樂居多，費用也會有所不同。如果需要小提琴或是大提琴等的弦樂時，會邀請古典演奏家一同錄音。

吉他、貝斯、鼓的情況，因為演奏者的實力卓越可單獨錄音，再進行合音的關係，歌詞紙（標示歌詞的紙張）不需要標示樂譜，只需要標示編碼（code），就可以進行多樣的變化以方便錄音。此時，作曲人與編曲人會互相交換意見，且儲存多個伴奏音樂版本，依據不同樂器的表現，找出適合的部分集結而成一首曲子。

但若是古典樂器的情況，就需要透過不同的弦樂編曲人於事前準備樂譜，再將歌曲想表達的風格與意境清楚說明予演奏人，方可一同合奏錄音，否則在沒有樂譜的前提下，只是耗費時間卻無法達到想要的音樂品質。

通常不同的樂器大約需要一個pro的時間，這裡所謂的pro是program的縮寫，為錄音室的使用單位，一個pro的時間為四個小時。只是，就算預約一個pro的時間，實際的使用時間約為三小時三十分鐘，這是因為需要與前後使用錄音室者交接的時間，以及錄製的音樂資料需要時間移轉的緣故。當然，也是有錄音室是以更短的一個小時的時間來計算，但是專業的錄音室都是以四個小時為一個pro的基準。近年來，具一定規模的經紀公司都有自己的錄音室，不太需要擔心龐大的錄音室費用，同時亦因公司有自己的錄音室，不僅可以讓自家的歌手藝人錄音，空出來的時段也可以出借給其他人使用，可說是具備雙重的好處。

實際上樂器伴奏錄音好的MR，是在歌手藝人演唱之前，讓一般練習生或是試唱者錄製的試唱帶。這時，可能作詞人已經完成歌詞，演唱者只需要依照歌曲與歌詞錄製即可，如果是歌詞尚未完成的情況，就需要以無意義的聲音（拉拉拉～、喔喔喔～等）或是不屬於韓文、英文或是日文等的外星語來演唱，讓歌手、藝人可以藉由試唱帶快速掌握歌曲節奏並演唱之。上述的樂器錄音與主唱錄音，都是藉由錄音室的電腦區分不同的音軌錄製，最後由錄音師操作錄音室機器（一般稱為控制台）並在作曲人或編曲人的指導（一般可視為direct）下完成錄音工作。

混音（Mixing）

錄製好的許多音軌（樂器與主唱內容分別存於不同的音軌上）會轉換成具有立體聲的左、右兩聲道，來進行Mix Down的流程，我們稱之為混音。立體聲道會讓聲音在左、右揚聲器（音箱）中傳遞不同的聲音，使音樂聲有不同程度的感受。相對的概念就是單聲道，單聲道與立體聲的差別，並不是指音質的差異，而是聲音透過一個地方傳遞或是兩個地方傳遞的差異。就像我們透過耳機或是手機感受立體聲道的時候，左耳聽到的是鼓聲、右耳聽到的是吉他一樣，聲音透過不同的傳遞媒介出現。最好的說明是，5.1聲道是電影院或是家用劇院所採用的揚聲器（音箱），是由六個而不是五個揚聲器（音箱）組合而成，以聽音樂的人為基準，他的前方左、右兩側各有一台，中央有一台、低音專用一台、後方左、右兩側各一台，總共有六台揚聲器（音箱），而低音專用揚聲器（音箱）標示為0.1，因而稱為5.1聲道。因為比起立體聲道，

更有臨場感，所以較常在電影播放時使用，而大眾音樂則可以採用立體聲道的方式混音以呈現相同的臨場感。

各種音樂聲與歌手藝人的演唱內容，要結合為一，是需要相當時間的調整作業，需要極高度的集中力與專業能力，因而曲目的完成度相當依賴混音師的專業能力。

母帶（Mastering）

母帶，是指工廠為壓制CD所需要的原始件，為主要CD製作過程的最後階段。以往都會從主要CD抽出音源，但容易因為電腦或是軟體的關係產生音質的變化，近來都是採用母帶轉換成MP3的格式提供給經紀公司。

母帶作業主要是在混音工作完成後利用各種設備補強聲音的最後階段，在同張專輯有多首歌曲的情況下，每首歌的聲音選擇與調整，以及確認每首歌之間的留白，方可完成最後的主要CD。

母帶的作業完成後，會使聲音更明確清晰，因而需要耗費許多工夫。以舞曲音樂為例，會將聲音調高，而情歌的話，會加強效果的呈現。有點像是我們做料理的時候，在最後階段需要「調味」一樣，母帶就是音樂完成前階段給予效果的角色。在攝影棚內常常可以聽到「再多點震撼」的要求，多點震撼的要求是指想要貝斯聲、鼓聲調大時的一般說法。而母帶錄音師[7]亦須察覺出細微的音質差異，抓出雜音的能力，因而需要最終檢查音樂的時間。

誇張點說，誰在哪裡進行母帶作業會影響到最終聲音的成敗，過去是依賴美國或是日本的母帶作業，因為當時海外的母帶作業工作室的設備與技術較韓國優越，而今韓國的母帶作業水準也已經有相當層次的提升。

聘請髮型設計師、化妝設計師、造型設計師

依據定案的專輯風格概念，找尋適當的髮型、化妝、造型設計師，並進行簽約，有些經紀公司會有專屬的設計師，但是大部分都是以專輯為單位簽約的設計師居多。

聘請封面照攝影師

搭配具有專輯風格概念的攝影師進行攝影，選出適用於專輯封面的照片、宣傳用的照片五張以上，以方便營造最具宣傳效果且統一的風格概念。

聘請封面設計師與製作

一般而言，會與常合作的設計師合作，或是採用經紀公司內部的設計師，有時也會交由專

7 譯註：一般情況下，一個人可以單獨完成錄音與混音、母帶的製作，但是有些情況下會區分為混音、錄音、母帶三種錄製程序，因而本段落所指稱的主體是母帶，稱為母帶錄製師。

業封面設計師設計幾個封面，再來選定可以凸顯專輯風格概念的封面設計。

舞團的聘請與舞團的選定

聘請主打歌所需要搭配的舞團，並與歌手藝人進行練習並做最後的選定。

聘請MV導演與拍攝

找尋與曲目風格相符的MV導演進行拍攝工作，一般而言這部分行程非常緊迫，從MV開拍日到最終完成版本的時間都需要不時確認，因為編輯需要花費的時間往往比預料的時間還要久，萬一這中間專輯已經發行了才上MV的話，在行銷上就會發生差池。

一旦如此，拍攝如此昂貴的MV就沒有達到預期的效果。而且需要確認的部分，還包含MV上檔須要經過播放電視台以及音樂網站的事前審議，審議的時間也需要仔細詢問並計算在內，一般而言，電視台審議約一週、音樂網站審議約兩到三天。

提供專輯資料給流通業者

販賣用的唱片與主要音源提供給物流業者，在經紀公司自行生產CD的情況下，會直接配送至物流公司的物流倉儲，音源以及其他的專輯資料也會同時提供。

專輯製作的過程非常緊湊，目前為止，從來沒有看過時間非常充裕的製作過程，可想而知，要在短時間內有效率的完成一張專輯的模式暫時是不會有所變更。然而，在這樣模式下，就必須考慮到整體製作過程中每一個階段都得為了下一個階段考慮，每一階段不漏掉任何一個步驟，才能夠有效率的完成一張專輯的製作。

3 專輯宣傳活動

經紀公司辛苦的製作好專輯，需要透過電視台以及參加各種不同活動進行宣傳。

音樂節目

近年來歌手藝人越來越多，電視台音樂節目的行程也越來越難申請。因此知道電視台系統的運作模式，並能於申請到節目演出時，做好上節目的準備工作，亦為重要工作之一。

(1) Dry Rehearsal

排練，是為了確認歌手藝人舞台動線與音樂的狀態，這時無須服裝、髮型與化妝。用搞笑的聲音、僅僅吹乾的頭髮的狀態進行的排練，我們稱為 Dry Rehearsal，事實上「Dry」一字就有赤裸裸的、沒有裝扮的涵義在內，因裸妝，頭髮也僅只是吹乾狀態的練習之故，就是 Dry Rehearsal。

(2)Camera Rehearsal

與實際播出一樣方式進行的排練，因此在Camera Rehearsal前，所有的準備工作都必須先完成。經紀人或是其他經紀公司的員工亦會進行拍攝，這是為了在Camera Rehearsal之後，在休息室進行意見交換、回饋以及修正等使用。麥克風的狀態與攝影機的移動路線，都可以在這個階段的排練中確認，或是可以熟悉舞台，方可在實際演出的時候，依據練習的狀態展現最好的表演，因而可以將Camera Rehearsal當成實際演練，是必須參加的排練。

(3)事先錄影

歌手藝人因為有其他行程，或是新人階段擔心現場轉播時可能會有突發情況，可以採用事先錄影的方式，這樣可以減少出錯的可能性，同時也能夠增加舞台經驗。

(4)使用ＭＲ、ＡＲ

通常，現場直播時使用ＭＲ（Music Recorded 伴奏音樂）、喉嚨狀態不佳的時候或是擔心高音問題時使用ＡＲ（All Recorded 包含已錄製好歌唱的部分），但近來ＭＲ多有混合ＡＲ使用的情況，亦即高音的部分會採用ＡＲ，再加上電視演出的時間會有限制，不太可能唱完完整的一首歌，大部分都會有兩分三十秒或是三分鐘的版本，因此需要熟悉不同場合的不同版本，不要混淆。

再者，也要注意手持麥克風還是穿戴式的耳機麥克風，這關係到舞蹈動作的大小以及擺動的程度。在使用AR的情況下，如果要有即興或是口白的話，就要注意麥克風是否開啟，現場轉播才不會出狀況。

活動

歌手藝人與經紀公司不可能單單依靠唱片、音源的收入，因此主要收入還包含各類活動的參與和廣告，廣告通常都是找A咖（A級）歌手藝人，所以大部分的經紀公司多半都以活動參與為主要收入。活動行程該如何安排、酬勞該收多少以及移動路線，都需要鉅細靡遺的掌握才行。過往，參與哪些活動的決定權，通常都是在理事級（高階管理）經紀人手上，目前大型的經紀公司多半都有專責部門負責，而參與活動需要注意下列事項：

(1)確認簽約內容

活動的場所以及時間、目的需要仔細確認，不能參加會對歌手藝人造成負面形象的活動。

(2)移動路徑

如果對於下一個行程會有影響，就需要事前要求演出順序，特別是週末或是下班時間，就

要注意會不會因為塞車而造成延誤。

(3) 費用給付

如果簽約金（50%）或是尾款（50%）沒有入帳，即不會參加活動的條文，需要明示於簽約條件中。

(4) 活動歌唱之曲數與時間

歌手藝人需要演唱幾首歌曲，以及需要待多久皆需事前確認掌握，還有MR（Music Recorded伴奏音樂）或是AR（All Recorded包含已錄製好歌唱的部分）需要事前提供給主辦單位，或是要隨身攜帶以防萬一。

海外演出、歌迷會

近年來K-POP風行海外，許多歌手藝人也會到海外演出。海外演出不但對於歌手藝人甚或是對於經紀公司來說，也是開拓不同層次的歌迷以及多一種收入的方式，同時，也是往後需要特別重視的一塊。因而，除了前述活動行程該注意的事項外，也需要注意下列事項：

(1) 護照、簽證

護照的有效期限是否快到期或是已到期，是否要事先申請或是延長，特別是男生需要注意在尚未服役之前，還需要另外申請役男海外旅行許可證。又，欲前往的國家是否需要申請演出許可簽證，皆需根據欲前往的國家一一確認相關證件。

⑵時程與動線確認

通常海外承辦與經紀公司之間會有代理公司介入安排海外公演、歌迷會。此時需要透過代理公司確認當地的情況與氛圍，注意政治、社會話題或是較敏感的問題，確認好歌手藝人的行動以及話語，才不會引起爭端。否則就算是外國歌手藝人也不能作為免責的藉口。

⑶住宿

滯留期間的飯店情況、費用、安全狀態也需要事前確認。為了預防瘋狂歌迷會假裝一般住宿者去預定歌手藝人旁邊的房間而造成困擾，需要以歌手藝人預約的房間為中心點，確認四周的警備狀況。

再者，確認電壓（110V／220V），以及在需要髮型或是服飾的狀態下可否使用變壓器。過往都會使用無線電聯繫，而現在因為有 KAKAOTALK 或 Line 等ＳＮＳ聯絡方式，多半都會採用這兩個方式進行聯繫。

盡可能不要在演出前喝酒，而演出結束後為了防範突發狀況也盡量不要飲酒過量。通常演

出結束之後心情會非常好，所以都會去游泳池玩耍，特別是有供酒的游泳池最好是不要去，除非是包下整間飯店，否則還是要避免會影響到其他住宿客人權益的行動。

(4)事前探訪

盡可能事前派遣一到兩位人員先到當地探訪，確認當地的移動路線以及情況。這部分可以與海外承辦或代理公司協議，以不需要另加費用的方式進行。

(5)記者會（會議）

最重要的一點就是要注意負責人認為是小事的部分，當然，大部分的歌手藝人以及經紀公司相關人員，都會認真答覆當地記者的問題，但是有可能因為文化差異而造成誤會，致使優點會被問題點所覆蓋，輿論就可能會快速流傳負面形象而造成負面的宣傳效果，因而需要請海外承辦與代理公司提供相關內容訊息以做好萬全的準備。而訓練有素的偶像團體也可以使用當地語言進行簡單的招呼與對話，可能的話，使用當地語言的能力越流利越好。換個立場想想看，外國有名的歌手藝人來到韓國的時候，使用韓國語打招呼時，就算不是很流利，也會讓本地人感受到他們的心意。

(6)檢查項目列表

海外演出或是歌迷會要準備的事項，整理如下表：

類別	檢查項目
演出名稱、場地、日期	看似最基本的事項，但是不單是歌手藝人，連相關負責人都必須熟知。歌手藝人可能會在演出途中，對台下觀眾說出「這次在〇〇演出真棒！」如果講成過去的演出名稱或是其他國家的演出名稱時，會讓觀眾皺眉頭。而巡演多國的情況，也可能會犯下講成上一場演出名稱的錯誤。 而演出的場地也需要確知，以便在與隨行人員失散的情況下能夠馬上找到人，在行動電話故障或是關機的情況下很容易走失，這時就可能會毀掉所有心血。
隨行人員與緊急聯絡網	一位歌手藝人最少需要四到五位隨行人員，而偶像團體則依據團體人數，需要二十到三十名的隨行人員，這時需要特別注意是否有人員沒有跟上。在國內沒有迷路的風險，可是在國外卻可能在一瞬間走失。甚至於到治安相對不太好的國家，還可能會發生意外，所以必須像幼稚園遠足一樣，好好確認同伴是否有跟上。
飛機行程	隨行人員多的時候，就不採用同時搭機的方式出國，而是分批前往，這時要注意每位隨行人員搭乘的飛機班號，記錄並列印出來給每位隨行人員。 不同航空公司、不同座艙有不同的托運行李規則，歌手藝人的服裝、髮型以及化妝工具等等，要事先規畫配置行李。確認行李的個數與行李標示，以方便領取。 回國的時候，可能會要攜帶當地歌迷送的禮物，所以要適度預留行李空間。 還有出入國的申請書填寫方法亦需要事前準備，以方便在飛機上或是機場填寫，避免拖延時間。
當地移動路線	住宿與演出場地、餐廳的動線須事先提供，讓海外承辦與代理公司之間溝通無虞。原則上，隨行人員是禁止私人行程（因為不是個人旅行），但是在無法避免的情況下，需要事先獲得負責人許可方可行動，且需將行程告知其他隨行人員。
細部行程	演出或歌迷會、記者會等行程需要事先告知，方可讓歌手藝人進行準備工作。如有變更時，也需要透過整體的聯絡網告知變更事項。

表6-1 海外演出或歌迷會時，檢查項目列表

海外的活動對於歌手藝人或是經紀公司而言，都是一個大的機會與賭注。就像離開熟悉的家鄉來到異鄉努力的人們一樣，到海外宣傳音樂、演出是很棒的經驗，但是也需要耗費更多體力與精神。特別是海外歌迷能夠見到心目中偶像的機會較低，所以會比國內的歌迷更熱情、更踴躍。站在經紀公司的立場，是非常感謝海外歌迷的，但是為了預防意外，也需要有相關的防範措施。

有時會為了保護歌手藝人而對歌迷有失禮的舉動，如前述，會極力避免發生這種情況，但如果不小心發生了，就需要好好處理，才不會讓情況失控。而防止這類問題發生的負責人，就會是經紀公司理事級經紀人，這當然也需要依賴該經紀人的經驗與熱情程度。

4 廣告合約

參與活動一般能夠獲取較多收入的就是拍攝廣告，但卻不能隨意接拍廣告，必須考慮歌手藝人之個人風格與產品、服務是否相符，以及考慮往後的走向。雖然於新人階段，會因為想宣傳曝光而想盡量接拍廣告，但若因為這樣而影響往後形象，變成刻板印象反而不好。

除了要注意廣告主與廣告產品之外，還需要進一步確認歌手藝人的形象以及是否會損害形象，因為廣告主與廣告公司主要目標是宣傳產品與提高銷售率，一般是不會考慮歌手藝人之形象，所以簽訂廣告契約時需要注意這些內容，並經由協議放入契約條文中方能有保障。廣告主站在提供演出費用的立場上，會希望徹底執行希望完成事項，而經紀公司則是會有一定立場，因而需要透過簽約前協商確認，方能維護歌手藝人建立之形象。

5 策畫演唱會

出了幾張專輯，經歷大大小小不同的宣傳活動之後，經紀公司會開始為歌手藝人策畫演唱會。從服務歌迷的層面來看，能夠讓歌手藝人與歌迷之間的聯繫更堅實。而從歌迷的立場來說，能夠與喜愛的歌手藝人近距離接觸，亦會是最高興的時刻。

經紀公司的立場，則是能夠將這段時間歌手藝人所累積的能量，透過演唱會充分展現，可說是商業音樂中最直接能夠擁有成就感的時刻，對於歌手藝人來說，更是實現夢想的瞬間。

但是僅僅舉辦演唱會，經紀公司是很難獲得實質利益收入，事實上收益多半是透過螢光棒、T恤、筆記本、文件夾等文具用品，或是MD商品之販賣所得，特別是螢光棒是相對搶手的商品，透過螢光棒，讓歌迷與歌手藝人結合為一體，成為演唱會的一部分，對於歌迷而言是相當具有參與感的一環。雖然加油拍手也算是參與演唱會的方式，但是透過揮舞螢光棒傳遞感動，是無法言喻的心動感受。

不僅是偶像團體，其他歌手藝人在公演的時候也會販賣簽名CD、馬克杯、購物袋等MD商品，而經紀公司與歌手藝人的收入來源，正是從這些販賣收入而來。演唱會多半是公演經紀

公司一手策畫、協商、進行，但是大型經紀公司亦能直接進行演唱會相關策畫。

6 歌手藝人的生活管理

宿舍管理

近年來，出道之歌手藝人年齡層逐漸下降，經紀公司對於還是學生的歌手藝人，必須依循學校管理才不會產生額外問題。許多學校都認可學生的夢想，並且會在許可範圍內提供相關支援，因而平時極需要常常與班導聯繫，並且主動告知班導活動內容，班導才能夠持續給予學生必要之支援。另外因為活動參與而必須缺席、早退時，若能事前以公文書方式送達學校，也能夠避免之後可能產生之糾紛。

尤其是高三時，對於升大學有益之學校行程與成績管理等活動亦須積極協助，雖然近來大學對於招收歌手藝人以提升學校形象之事相當積極，但確實也對學校有正面的影響。

若歌手藝人為大學生之情況，相較於國高中生而言較易管理，僅需注意可以選擇的課程，並確實繳付學費與選課，就不會喪失學籍。然而若是放鬆心態，認為「個人行為會自己負責」，也是不行的，特別是男性成員會有服兵役的問題，如果不注意而錯過，會造成往後更大的問題，因而需要特別謹慎。

私生活管理

前述「歌手藝人」的章節中提及歌手藝人是公眾人物，某種程度上對於侵犯私生活的事情，需要有所認知與心理準備。但是若非身為「歌手藝人」而是「身為一個人的私生活」則是需要保障，然而兩者的界線相當模糊，所以易出現各種各樣的傳聞與八卦。特別是越走紅、越有名的歌手藝人，其周圍人士就可能會因為金錢的誘惑而利用歌手藝人，因而經紀公司基於防止類似的情況發生，需要知曉歌手藝人之一舉一動。

專輯進行宣傳活動時一定要與經紀人一同前往，而個人私人活動部分，至少要明確告知公司動向，這樣才能夠在事情發生時有適當之因應對策。但雙方皆須體認到不能逾越界線，因此若經紀公司逾越界線，侵犯到歌手藝人之私生活時就會形成法律問題。但歌手藝人須明確認知到自身的基本資訊（位置、行為），有需要告知公司之義務。

若不是事實而是嚴重傳聞八卦擴散的情況，則需要掌握正確資訊並迅速採取相關對策，同時需要盡快提供輿論相關內容，使有問題之報導盡速下架。假若不快速處理任由傳聞持續擴散，即使之後確認不是事實時，人們早就因為傳聞而產生先入為主的觀念。另外亦須與律師商討是否採取法律行動。

7 經紀公司收入

依據歌手藝人參與的活動種類，經紀公司所能獲取之收入簡單整理如下。而歌手藝人於經紀約期間之收入分配率，已於「歌手藝人」章節之專屬契約部分詳細說明，可參考前文。

音樂活動

經紀公司透過歌手藝人獲得之收入，可區分為音樂活動與非音樂活動[8]。

(1) 唱片、音源收入

歌手藝人於專輯發表後正式展開宣傳活動，而經紀公司收入即從這一時間點起算。依據專輯受大眾之喜愛程度而產生之所有有收入之活動規模，決定唱片、音源成功與否，因此唱片、音源之收入不僅對歌手藝人非常重要，對經紀公司也是非常重要的關鍵收入。

(2) 活動

經紀公司最大的收益來源就是參與活動，專輯發行後會有企業或是各地區的祭典（主題活動）等活動邀約，專輯的人氣越高，越有可能獲得較高之演出費用，演出曲目大約三到四首即會有數百至數千韓圜之收入，因而若行程許可，會盡量讓歌手藝人參與這類活動邀約。而當行程有衝突時就可能會產生一些意外的行程，也容易導致與歌手藝人在經紀約期間內產生摩擦。

(3)公演（演唱會）

公演對於歌手藝人、經紀公司、歌迷而言是場祭典（主題活動），也帶有給與會者禮物的意義。單就公演門票收入是不可能有獲益的可能，反而是公演附帶販賣的MD商品才有獲利之可能。

(4)音樂節目[9]

參與音樂節目之收入往往不夠支付相關費用，對於收益毫無助益。演出費用每一組約為20—30萬韓圜，而且不是以個人為對象支付這些費用，而是以表演組為單位支付演出費用，但是為了上節目需要，化妝、髮型、服飾以及舞群之費用支出卻比收入多。

8 「演藝產業收入結構研究報告」，二〇一二，鄭京勳，文化體育觀光部。

9 譯註：此處音樂節目係指無線三台KBS、MBC、SBS每週固定之音樂節目，專輯發行後，會從三台之音樂節目開始宣傳活動，可以以錄影方式、現場演唱之方式進行，每種方式所需支付的費用不一樣。

非音樂活動

(1)廣告

廣告演出之收入也是高收益來源之一，但卻也不能免俗的偏重於人氣歌手藝人，依據音樂人氣指數、外貌以及大眾的偏愛程度，決定能否接拍廣告。

(2)連續劇、電影演出

透過參與演出，可以在未發行專輯的時間裡持續有活動參與之可能。演出費用也能增加收益，然而與廣告同樣的情況，只有人氣與外貌達一定程度之歌手藝人才有可能接獲演出邀約。雖然演技能力有可能會備受質疑，然而若持續有機會曝光且演出之電視劇與電影成功時，從宣傳角度來看也是有助益的。特別是K-POP人氣走紅海外時，會是強大的宣傳優勢。

(3)綜藝節目通告

綜藝節目之情況，若沒有長期固定演出是不會有一定程度之收入，然而可以善用於歌手藝人宣傳活動之行程。

(4)MD（Merchandise）商品

在公演場地販賣之螢光棒、T恤或是月曆、馬克杯等MD商品，是經紀公司收益的重要來源。但是除了特定人氣團體外，規模都不大。

⑸其他收入

活用歌手藝人之肖像權產業，或是參與其他非演出性活動也能有收入來源。例如近來有一位在社群網站活絡之歌手即有製作需要付費購買之貼圖，即屬於這項收入之一。

8 經紀公司支出

經紀公司支出之費用，可以區分為經常性支出以及專輯活動所需要之活動費用、內容製作費用與培訓費用。

經常性支出費用

經常持續且反覆支出之特定種類之費用。

⑴人資費用

歌手藝人之活動，需要現場經紀人以及相關經紀公司之工作人員隨行。這些人員之人資相關費用屬於持續支出型，雖然專輯未發行、沒有活動的時間點可能可以排除這項費用。

⑵租金費用

經紀公司之辦公室或是錄音室租借費用。

⑶營運管理費用

辦公室營運費用與事務費用、電腦以及其他相關費用。

⑷海外活動費用

海外活動之情況，大部分是透過海外協辦處理，通常不會有其他過多費用需要支出。但是站在拓展海外市場的角度上，若不是經由海外協辦處理而是由經紀公司全權負責時，從機票到其他各種費用皆可能為費用支出項目。

▶活動費用

⑴治裝師費用

治裝師為歌手藝人之服飾以及各種穿戴小飾品之負責人。不屬於公司職員而屬於自由工作者，因而需要支付治裝師工作費用，依據公司營運方針或是會計處理原則不同而有不同的給付方式。

(2)髮型費用

一般電視臺演出或是參與活動前，皆需要到美髮店進行髮型設計，這時所支出之費用亦須計入支出。與治裝費用一樣，依據成員人數費用也不太一樣。髮型設計師與化妝師亦可能需要隨行前往活動現場，所以需要支付之費用也會不相同。若公司本身有請相關員工負責，則此一費用即會計入經常性支出之人資費用。

(3)車費

移動時使用之車輛、油費皆屬於車費之一。車輛如果是採用租借的方式，會計入常設租用設備支出。如果是屬於公司自用車，則每個月皆會有折舊攤銷之費用，或是油費、高速公路通行費等也都屬於這個項目。

(4)餐費

活動期間，歌手藝人與相關負責人之餐費。

內容製作費用

⑴作曲、作詞、編曲費用

有名之作曲人、作詞人之情況，需要支付曲目費用，新人作曲作詞則多半不需要支付曲目費用。編曲人之情況，大多會支付製作費用。

⑵伴奏、錄音費用

參與音樂伴奏、錄音之伴奏人，須依據錄音時每一個PRO（一個PRO大約三小時三十分鐘）支付費用。依據伴奏人之等級，A級伴奏人能夠獲得業界最高待遇。尤其是有採用管弦樂團之情況，費用就會更高。錄音室租借費用與混音、母帶費用皆為錄音費用。

⑶音樂錄影帶（MV）費用

專輯成功與否之另一個重要的關鍵就是音樂錄影帶（MV），相對的製作費用也會增加比率。音樂錄影帶之導演費用，以及拍攝時期所需支付的各種費用，以及若要到海外拍攝，需要支付之製作費用與交通費用等。

⑷服飾製作費用

舞台服飾需要預先訂做，因而費用不便宜。特別是偶像團體成員人數多，每一首歌曲所需要之服裝皆不同，皆屬於服飾製作費用。舞台服飾之外之演藝活動用服飾，大部分皆可由服飾店、鞋店贊助，就不會產生費用。

培訓費用

(1) 教育課程費用

歌手藝人之唱歌、跳舞、流行等等課程費用支出。特別是新人或是練習生，會比現有歌手藝人更需投入相當之教育費用。

(2) 住宿費用

歌手藝人開始住宿生活時，該住宿點之租借費用。當多人一同住宿時，可以由住宿人一同分擔。同時也包含餐費、水電瓦斯等費用。

(3) 其他

歌手藝人之皮膚保養費用、醫療用費。必要時整形手術費用，而有時整形之費用也有由歌手藝人本人支付之情況。

9 整理歸納

1.經濟管理制度比較

美國：以歌手藝人為中心，雇用個人經紀人、商業經紀人、律師以及代理，並與其簽訂僱傭契約，依據成果支付手續費用之方式進行。

日本：徹底實行以經紀公司為中心之制度，經紀公司所屬之藝人依據成果每月領取薪水，讓所屬歌手藝人可以安心的將演藝工作當成終生之職業。但無法依據歌手藝人之喜愛任意轉換經紀公司。

韓國：採行兼具美國與日本之中間方式。出道初期之歌手藝人以經紀公司為中心之制度，期滿之後可以自由選擇轉換經紀公司，或是自行設立一人經紀公司。

2.專輯製作過程

經紀公司為創造收入，於專輯製作之起始點中最基本的活動

(1)專輯計畫

(2)錄製曲目

(3)混音

(4)母帶

(5)交涉邀請髮型設計師、化妝師

(6)交涉邀請封面攝影拍攝
(7)封面設計製作
(8)交涉邀請舞群與決定舞蹈
(9)拍攝音樂錄影帶
(10)專輯相關資料交由物流公司

3. 專輯宣傳活動

(1)音樂節目
(2)活動
(3)海外公演、歌迷見面會

4. 管理歌手藝人生活

歌手藝人具有社會「公眾人物」之特性，個人之私生活理所當然需要受到保護，但由於影響層面不僅及於歌手藝人本人，亦包含所屬經紀公司、投資者以及歌迷，因而個人行蹤等基本事項需向公司報備。

(1)宿舍管理
(2)私生活管理

5. 經紀公司之收入與支出

收入區分為音樂活動、非音樂活動。大部分收入都來自於參與活動。支出則是包含經常

性支出以及活動支出之活動費用、內容製作費用、培訓費用等等。

本章比較經紀管理制度、專輯製作過程、經紀公司之角色以及經紀公司收入與支出內容。

下一章將討論商業音樂中屬於投資資本，與傳遞音樂給消費者（歌迷）之物流公司。

07 物流業者

音樂投資、物流、授權

風險來自於不知道自己在做什麼。

——沃倫・巴菲特

（Warren Buffett）

專輯係為作曲人、作詞人、編曲人等著作權人創作而誕生之音樂，透過經紀公司之歌手藝人製作發行，再交由物流公司傳遞至服務公司，進而傳遞至消費者（歌迷）手中。物流公司會投資資本額不足之經紀公司、代理經紀公司之音樂物流鏈，此時發生之物流手續費用，就是物流公司最基本的收益模式。再者，物流公司透過專輯宣傳與授權可獲得最大收益，本章就是要介紹負責對音樂投資、物流、授權之物流公司[1]。

首先，透過本書第二章討論過商業音樂之價值鏈（Value Chain），以理解經紀公司與物流公司之間的連結。

1 經紀公司接受投資的理由

音樂製作費用不足

經紀公司除對外交涉邀請有名望之歌手藝人外，尚需製作音樂並管理協助歌手藝人進行演藝活動，因而不僅要投入音樂製作費用，亦需投入歌手藝人初期教育訓練費用。然而，收益卻須等待歌手藝人出道並發行專輯之後才開始，因而初期需要有龐大的資金投入，而物流公司（音樂公司）投

商業音樂＝以音樂連結起來的事

著作權人	歌手藝人	經紀公司	流通公司	服務公司	消費者（歌迷）

圖 7-1 商業音樂的價值鏈

資音樂製作費用與營運費用並共同分配收益之模式，為數十年來常見之商業合作投資模式。這也是音樂製作不足的部分，會希望透過物流公司投資，以補足資金缺口的第一個理由。

強力宣傳推銷

物流公司需將自己負責之為數不少的專輯鋪貨於市場上，然而不僅消費者願意購買哪一張專輯無法精準預測，連能夠讓消費者看見音樂專輯的方式也不多甚或備受限制。販賣唱片的賣場宣傳平台抑或 P.O.P（Point Of Purchase）[2]的專輯能夠看到專輯與歌手宣傳，但能夠藉此曝光的專輯卻相當有限。再者，進入音樂網站雖然可以藉由新專輯、推薦曲、推薦（常用）關鍵字、活動等等宣傳方式曝光，但是能夠透過這個方式曝光的專輯也相對有限，加上還有與其他物流公司的競爭問題，因此專輯若因為曝光因素無法成功，會對物流公司的財務造成一大負擔，因而需要好好思索投資專輯之宣傳方式。而經紀公司的立場，除了製作費用的考量外，若能夠透過物流公司宣傳曝光也是其願意接受投資的理由之一。

1 過去稱為唱片公司，侷限於CD、DVD之唱片的意義，現統一稱為物流公司。
2 多稱為廣告看板，是讓商品受到矚目且提高販售率最直接的方法。

其他財務上之理由

經紀公司除了音樂製作外，亦有其他需要大筆資金之處，規模不大的經紀公司需要解決資金問題，方能讓專輯問世，因而需要向物流公司借貸資金，並以音樂物流權作為借貸之交換條件。有時在股票市場上也會出現大型經紀公司因為一時資金的問題，而希望取得物流公司之投資的情況。

—2— 物流公司投資的理由

穩定收益率

音樂物流在商業音樂中反而是收入最穩定的一環，穩定的理由在於製作音樂的經紀公司與消費者之間有源源不斷的物流手續費用之故。製作音樂方面，則有專輯成功才會有收入，而若失敗則有連一毛錢都不會入帳的風險。販賣音樂給消費者之中小盤商，或是音源服務公司亦需要想辦法讓消費者願意且持續購買，然而消費者卻可能在一瞬間就轉移至其他賣場消費。

然而，音樂物流是從各個經紀公司獲得多樣的音樂，透過銷售販賣至音樂服務公司以獲取物流手續費用，其於初期系統建置需要一定的資金，而當物流量規模達一定的程度時，就能夠穩定獲利。當然，經紀公司若發行一張大賣的專輯，能夠獲得的收益率就會更高，但若低收益率之專輯數增多時，就會影響整體收益。想想目前世界三大音樂發行公司（索尼音樂、華納音樂、環球音樂）掌握全球音樂市場之物流權，不得不承認音樂物流的威力是不容小覷的。

再者，音源市場的發展也應驗了長尾理論，是物流公司能夠獲取穩定收益的原因之一。長尾理論的理解需從托盤理論[3]開始，托盤理論簡單的說，係指「原因的百分之二十是製造出百分之八十的結果」。舉例說明，商業音樂前百分之二十的專輯占所有賣出額的百分之八十，採用托盤理論的百分之二十來說明時，長尾理論則是論其外的百分之八十的現象。也就是網路技術發達，原不屬於前百分之二十的後百分之八十的商品再拉長的戰線中，能夠達到一定程度的賣出額度。

以唱片為主的音樂市場，其販賣量屬於後百分之八十的專輯持續販賣時，要考慮庫存、產品損壞等因素。但是以音源為中心的市場，能夠聽到過往專輯時代難以聽到的歌曲，多樣的消費者加上價格便宜的音樂使用模式，讓人們更容易找到過往賣出額度不高的專輯，因而若讓過往的專輯賣出額度提升，甚至於比新出的專輯更熱賣，而這個情況一般會被認定是長尾現象導致的持續性賣出之故。

3 譯註：我國國家標準《物流術語》對托盤（pallet）的定義是：用於集裝、堆放、搬運和運輸的放置，作為單元負荷的貨物和製品的水平平臺裝置。托盤是與集裝箱類似的集裝設備，現已廣泛應用於生產、運輸、倉儲和流通等領域，被認為是二十世紀物流產業中兩大關鍵性創新之一。

物流公司雖是屬於可獲得穩定收益的商業模式，然而在當前唱片市場全數轉換成音源市場之情況下，其獲益率與影響力也跟著下降，因為唱片製作的成本便宜且售價高，獲益率就會提高。再者，因為物流管理非常重要，小資本投資是無法進入物流業的，因而容易產生獨佔壟斷的可能。但是如今以音源為中心的市場，獲益率下降且音源所需要的物流，相較於過往的雄厚資本也漸漸走向低資本營運，進而讓物流公司這塊競爭白熱化，同時也成為物流公司走向相對收益較高的經紀公司之契機。

經紀公司持分投資

音樂物流若可穩定獲益，任何人都無須為此奔走忙碌，從而讓物流公司相互競爭。加上為供應市場性高的專輯，經紀公司在製作專輯這一塊都會投入大量資本，加上三大音樂發行公司都是採用這個執行模式，進而韓國的物流公司也會依據這樣的指標，找尋擁有實力相當歌手藝人之經紀公司，並投資該經紀公司。其目的並非藉由投資獲取經營權，多半是為了取得該經紀公司製作的特定專輯之物流權。

再者，透過投資經紀公司，也能夠監督預防經營不實的情況，加上可以協調專輯發行時間，以及同一物流公司有數張專輯同時發行時，可以避免內部競爭。特別是物流公司針對新興經紀公司的投資，在早期不需投入過多資本，但卻能夠獲得相當高的收益。相較於其他文化內容（電影、遊戲、動畫等）音樂屬於小規模投資，卻可同時投資多張專輯，所以當到達一定規模時，就可採用有價證券管理。所以一部分物流公司會與金融投資公司一同發行基金公債。

3 專輯投資

物流公司投資經紀公司之情況，常見方式為個別專輯之投資，經紀公司持分投資的情況較為少見。因而用「經紀公司持分投資」代替「經紀公司投資」，代表物流公司投資經紀公司發行專輯之意。當然，數張專輯同時投資的情況亦屬常見，這時就是屬於以包套方式限定於數張專輯之投資方式。

投資對象專輯審查

專輯投資時，物流公司之投資負責人在聽取外部資訊與消息後直接投資經紀公司，與經紀公司要求物流公司投資之情況不同。相較於物流公司主動投資之情況，更多的情況是屬於經紀公司要求投資，因而多半都是聽取經紀公司說明並與物流公司召開會議商討。若是屬於擁有知名度高的歌手藝人之經紀公司，僅需要具有相當的想法以及企畫案，協商多半就能成功。但是若屬於新人或是過去沒有亮眼成績的歌手藝人之經紀公司，則需要事前準備下列的資料：

⑴預定發表歌曲以及其樣本（作曲人、作詞人表單）

係音樂投資最重要之要件，但卻又不能說是絕對需要的要件。因為大眾音樂的成功，不僅音樂重要，其他的要件也必需同時具備才行。再者，是經紀公司帶著音樂請求物流公司投資之故，不可能選擇不好的音樂，因而對於物流公司而言，需要音樂以外的其他要件。但也會出現那種在場者皆不喜歡，音樂卻能大紅大紫的情況。

⑵音樂錄影帶以及該歌曲舞蹈練習影片

近來最快能進入大眾眼簾的就是動態影像，經紀公司從許多音樂中找尋具有魅力的音樂，因此，音樂概念相當明確的音樂錄影帶以及影片就相對重要。

⑶歌手藝人簡介

經紀公司需準備所屬歌手藝人最具魅力之簡介，當然已經具有相當知名度之情況沒有簡介也無所謂，但是若屬於不出名之歌手藝人就需要請職業攝影師拍攝照片，並準備一分符合歌手藝人之簡介較佳。

而不論是多有魅力的歌手藝人，若簡介內容虛華不實或是修飾過度，也會讓歌手藝人層次降低。

(4)專輯企畫案與演藝活動計畫（電視台宣傳、演出連續劇等）

以一般日曆標示活動行程並提供給物流公司即可，近來歌手藝人宣傳活動不侷限於音樂，需要積極的上各種電視通告活動大量曝光，才能夠讓消費者聽到自己的音樂。因為歌手藝人參與綜藝節目或是連續劇演出時，多半都會介紹演出人物目前宣傳之音樂內容，這也會是往後的趨勢。

一般物流公司皆會審視該音樂是否有其市場，但也會有物流公司更注重經紀公司對於該歌手藝人之演藝活動安排。例如會關注歌手藝人是否固定演出收視率高的綜藝節目，會選擇宣傳效果較高的企畫案為其投資優先順位。特別是演出連續劇或是綜藝節目時，會成為網路搜尋之熱門關鍵字，相較於線上音樂網站的曝光率多幾十倍，為檢視是否投資的關鍵考量。

再者，物流公司也會選擇投資在電視台具有一定名氣、一定影響力抑或有相當才能的超級經紀人之經紀公司。近來僅靠一兩張專輯就能決勝負的情況較少見，若能持續發行專輯、持續曝光於電視螢光幕前才能獲得最大的效益，因此經紀人的功能就更顯重要，投資經紀公司也會關注這個部分。

(5)公司介紹簡報（不有名之公司適用）

商業音樂是以人為主、依據人們視線一項產業，其進入障礙特別高。換句話說，大多是產

業內的相關人員互相協商、產業內人員互轉的情形，對於企圖進入這個產業的人來說，無疑是一道難以跨越的高牆。然而若在其他產業有經營事業之經驗，亦可展示先前累積之經驗，若這部分有困難，亦可讓商業音樂中有「名望」的人引領入門，以顯示其具有專業度。新進入商業音樂的業者，多半藉由業界有名望之人引領或於商業音樂初階公司，多半都以是與其合作或是接受過建言的方式初登場，但隨後就會消失於市場上。

(6) 投資需求金額與投資專輯種類

特別的是經紀公司像物流公司請求投資的金額，通常都不會有一個確實金額，而是多半會要求「可能的話請多多提供資金」。當然毫無限制的要求巨大金額的情況也是一個問題，但是毫無根據的要求投資也多半無法令人接受。往後若能有一份企畫書確實記載製作音樂錄影帶，或是演藝活動需要多少資金，讓物流公司也能夠透過這份企畫書訂定較無風險的方案，投資案成功的機率也會隨之增加。

投資審查

物流公司投資負責人與經紀公司經過幾回的商討會議之後，整理經紀公司提供之資訊、資料，進行投資審查。以往以物流公司代表（負責人）或是相關僱員臨時指示投資的情況居多，如今亦會經由多位投資審議委員審議。

由一、兩位專家全權決定是否投資，以及多人共同審議投資與否的方式各有其優缺點。商業音樂中，優秀製作人、作者、經紀人各一位就能夠凌駕數十名專家學者。即使有經驗豐富與實力極佳（所謂霸權，甲方）之專家學者，以優越的觀察力檢視後「否決」該提案，最後可能也會成功。因為音樂的本質就是要讓消費者感動，而歌手藝人與其音樂該如何營造感動的氛圍，卻沒有絕對的規則可言。若是這個決定僅讓一個人決定，並依據其意見進行是最確實的方式，然而由一人判斷而決定的模式總是會有所偏頗，對於商業音樂可能會造成不好的結果。

另一方面，採行幾位投資審議委員的方式進行，能夠有較客觀、較多元的視野，可視為專輯投資審查的優點。阻卻一、兩人獨斷的意見而走向審查系統，就可以避免不按照審查基準的專輯投資，或是親友拜託之投資案。加上一人審查可能出現之遺漏、經濟問題等都可以同時檢視，為其優點之一。

而缺點部分，就是多位審議委員審查的模式對於投資案相對較保守，因為成功可能性高的專輯才能獲得多位審議委員之同意。所以具有不同特色的新人就很難獲得投資機會。不同物流公司有不同的審議系統，多人共同審議投資以及一位專家學者審議投資，或是採取兩者並行的方式來審視投資案。

投資獲益率

物流公司於最終投資決定前，會依據預測賣出額度估算可能獲益，物流公司之獲益可以視

為預測賣出額度扣除投資金額，畢竟物流公司不單單只想回收投資資金，還想要有相當獲益。因而若有相當比率獲益，才能決定投資與否，這之間重要的考慮要素即為流通手續費（投資金額包含利息費用、物流代行費用、行銷費用）。

例如預測會有一億韓圜之賣出額度、要求投資金額為八千萬韓圜之專輯投資案，假設物流手續費用為20％時，是想該投資案是否進行。簡單的思索，投資八千萬韓圜可以賺取一億韓圜，物流公司可以有兩千萬的獲益。

但是那一億韓圜的賣出額必須先扣除流通手續費用，剩餘的八千萬韓圜則是可回收之先前投資金額，如此一來，先前扣除的手續費用兩千萬韓圜又回到公司。然而，流通手續費用有增加的可能，物流時會產生的物流代墊費用、行銷費用、系統費用以及相關負責人員的人工費用，再者也需要思考原先投資之八千萬韓圜也會有利息費用產生。雖然近年來利息狂降，但是也需要考慮該筆資金放在銀行所能產生之利息，要能夠賺取比該筆利息更多的金額，才不會讓流通公司蒙受損失。

扣除各種流通相關費用與利息之後，這筆物流手續費用所剩無幾，所以不可單純的計算賣出額與投資金額之差額，或是僅以物流手續費用來計算投資獲益率。

但是更具風險的是預測賣出額度為一億韓圜的部分，預測賣出額誰也無法擔保一定沒有任何誤差。大部分專輯投資之實際賣出額都比預測賣出額低，當然這也與商業音樂以票房為導向的產業基本特性有關，雖然無法避免，但卻需要將此一要件列入考慮。這是由於投資成功的專輯也必須承擔，或者說是要補齊投資失敗專輯損失之考量。

然而，投資負責人卻不能將失敗原因皆歸咎於票房產業，因此，確認專輯發行時間、遵守投資回收期限，以及對於目標收益率和不良債券之對策等，皆為其需要注意之業務事項之一。當然投資負責人所需負責的業務並不是一件容易的事情，但是在整個商業音樂中，僅為核心中之一環，可以視為經紀公司與物流公司之中間角色，可以有學習到許多事物的機會。

支付投資金額

經過公司內部檢視、審議，確認要進行投資之後，由投資負責人簽約並支付投資金額。投資金額之支付依據契約訂定之日期與方式進行，倘若物流公司內部資金調度出現問題，則由資金負責人盡速與經紀公司請求諒解並商議後續事宜。

而最為基本也是最為重要的部分就是，契約相關資料皆需整理歸檔，雙方蓋章簽約時也必須留有相關寄送證據，曾經發生過契約交由快遞人員寄送，卻因快遞出車禍而發生難堪之情況。再者經紀公司代表（負責人）之印鑑證明、事業登記證皆需確實歸檔，以備將來出現法律紛爭，雖然是以不會發生法律紛爭為佳，但是投資負責人遭遇法律紛爭的情況確實不少。專輯成功時，會有成功時之問題，失敗時也會有複雜的投資金額回收的問題，總歸都是需要藉由法律解決的情況。

4 專輯契約的種類

物流公司與經紀公司締結之專輯契約包含投資契約與物流契約。投資契約之締結包含專輯物流內容在內，若無法獲得投資基金公司之投資，則物流契約以外之投資契約就無法存在，因為物流公司也不可能於投資的同時，將物流委由其他物流公司負責。再者，物流公司會因為物流獲益率下降而傾向自家公司擁有歌手藝人，並直接製作專輯。綜上所述，專輯相關契約能區分為自行製作、共同製作、先行投資、一般物流四種，也就是會產生三六〇契約[4]這類之契約。

自主製作契約

不論是經紀公司設立物流公司，抑或物流公司設立經紀公司，都是將兩個事業部門納進同一公司之下，該公司組織內音樂製作組以及A&R部門負責音樂企畫、製作，音樂物流組以及營業相關部門負責音樂物流。因為同屬單一公司之部門，所以不需要透過締結契約來執行相關業務。但是因為專輯的收益會分配給歌手藝人以及扣除相關手續費用，故需要其他相關分類契約之契約訂定管理。LOEN娛樂、CJ E&M以及國外之索尼BMG、環球等經紀公司，都屬於兼具有物流公司之公司。而韓國的SM娛樂、YG娛樂、JYP娛樂與其他經紀公司，則是採取持股投資KMP物流公司，KMP物流公司於二〇一三年六月與KT音樂合併，因而該經紀公司就與物流公司KT音樂行程自主製作之物流契約關係。自主製作之情況，為公司內部同時處理音樂製作與物流，對於公司而言，這是收益大、風險相對也大的一種契約類型。

共同製作契約

共同製作之契約會依據不同的條件而有不同的類型。區分方式為該音樂之著作鄰接權（管理權）屬於誰，自主製作的情況，因為經紀公司與物流公司合而為一之故，管理權當然是屬於經紀公司所有。共同製作之情況，管理權為經紀公司與物流公司共同所有。一般共同所有都是各持有一半，也有依據契約條件而使其中一方擁有較多權利之情形。

管理權是賦予音樂製作一方（經紀公司）之基本權利，而經紀公司將一部分之管理權讓與物流公司，共同製作之情況，則為經紀公司與物流公司雙方依據契約持有。經紀公司也會以提供物流公司製作費之方式，取代將管理權之一部讓與物流公司的方式，以確保物流公司投資以求製作專輯之安定可能為其優點。物流公司雖也負擔投資費用之風險，但是當成功機率高的專輯能夠持有管理權、可期待獲得高收益時，即可締結共同製作契約。

與此不同的共同製作契約類型，尚有由數間經紀公司之歌手藝人共同參與企畫之情況，也就是物流公司投資、數間經紀公司之歌手藝人共同參與，物流公司與數間經紀公司共享管理權之型態。雖然管理權共享，但一般物流公司握有代表行使之權限，這裡所指代表權並非音樂權

4　譯註：https://en.wikipedia.org/wiki/360_deal

利之代表權，而是音樂結算與使用之代表權。換句話說，物流公司無法假借管理權之代表權行使而隨意為之。當物流公司投資之專輯獲益未超過投資金額時，則扣除投資金額、當獲益超過投資金額時，需與經紀公司依據一定契約約定比率分配。

共同製作時，多由經紀公司負責音樂製作，但也會於最終選定主打歌或音樂方向時參考物流公司之意見。同時也會在契約中載明以防後續出現問題，而讓物流公司握有最終決定權，會有這層規定的理由是基於確實能回收獲益。因為在共同製作之情況下，站在經紀公司或是參與歌手藝人的立場來看，若無返還製作費用義務，就會想要製作過往因藝術性（另一說詞為市場性較低）較高而無法製作的專輯。萬一放任不管，則經紀公司有價證券之價值就會下滑。透過共同製作，物流公司可以取得相關數據與資訊，思索新的音樂型態，並與經紀公司一同協議製作該音樂。

先行投資契約

一般的專輯投資大部分都屬於先行投資，先行投資與共同製作不同，其管理權屬於經紀公司。也就是在物流公司立場來說，透過先行投資能夠期待的收益僅有物流手續費。而自主製作契約中，不僅能獲得物流手續費用還可以透過歌手藝人獲取附加利益，也就是基於音樂管理權所獲取之收益。共同製作中，物流手續費與持有管理權之一部分，容易產生不同變化，而先行投資則是除了物流手續費外沒有任何附加收益。

先行投資之音樂製作是由經紀公司全權負責，物流公司不干涉。這是因為沒有賦予物流公司管理權之故，再者，物流公司於一定期間內投資專輯製作費用，當有賣出額時，可以優先抵銷原先投資的費用。投資費用抵銷之後，還有利潤時，扣除物流手續費用後結算給經紀公司。

先行投資有MG（Minimum Guarantee：最低保障）方式與償還方式，MG方式為經紀公司無事後返還投資金額之義務，而償還方式則是有返還投資金額之義務。以經紀公司之立場而言，MG方式較為有利，但以物流公司之立場而言，償還方式的先行投資較為安全。因此，物流公司會選擇成功機率較高之A級歌手藝人專輯適用於MG方式，償還方式的先行投資之情況，會等待專輯發行後經歷一定期間，出現賣出額仍無法返還先行投資金額時，會以追加發行或是現金償還的條件在內。

一般物流契約

係指物流公司並無投資經紀公司製作費用，僅簽訂物流契約之意。因為不是投資而是物流之故，物流公司可毫無負擔的收取物流手續費用，但若為市場性較高之專輯就會採用前述之共同製作或是先行投資物流契約，賣出的比重相對較不重要。但物流手續費用屬於低廉，偶爾經紀公司對於A級歌手藝人之專輯會採用一般物流契約，以降低物流手續費用，提高獲益率。

⊙ 三六〇契約（360 Deal）

物流公司除了與經紀公司之歌手藝人簽訂專輯契約外，著作權、商業權在內之隱私權契約、廣告或活動在內之經紀管理契約、其他相關（every aspects of artist's careers）之契約之結合而言。舉例而言如專輯與隱私權結合、專輯與公演、廣告結合之契約類型。

這類過往不存在的契約類型，是從美國大牌歌手藝人為中心開啟而形成之三六〇契約，而韓國這類契約模式也開始逐漸成形。三六〇契約核心不僅是專輯販賣收入，尚包含歌手活動相關收入與物流公司、經紀公司（歌手藝人）分配之故，而此一變化可說是反映商業音樂環境變化之結果。僅依靠音樂收益並不大，物流公司站在商業利益考量上亦不會選擇投資，另一方面，經紀公司選擇與大牌歌手藝人簽訂專屬契約製作高水準之音樂時，需要大量資金，所以物流公司不會僅依賴專屬歌手藝人專輯之獲益，也會有公演、經紀管理收益以降低投資風險，而經紀公司則是希望維持足夠之投資金額，以安穩製作音樂與經紀經營活動之可能性。國外案例[5]中有瑪丹娜（Madonna）與 Live Nation 締結之一億兩千萬美金之三六〇契約，以及 Jay-Z 與 Live Nation 締結之一億五千萬美金之三六〇契約。而前述之多重形態（專輯＋公演、專輯＋廣告代言、專輯＋MD等）則是三六〇契約產生之因素。

5 物流手續費用

物流公司從服務公司收取結算販賣金額後，扣除物流手續費用後支付給經紀公司，一般物流契約之物流手續費用約為15%～25%之間，先行投資與共同製作之物流手續費用約為20%～30%，自主製作之情況與一般物流規模之手續費類似。而即使是自主製作，CD與音源之物流費用是一樣的情況。也就是風險承擔越高，物流手續費用就會越高，而風險承擔越高，物流公司的宣傳就會花費更多的費用。

6 不同契約之經紀公司獲益類型

自主製作契約（物流公司＝經紀公司）

假設服務公司產生一億韓圜之賣出，物流手續費20%、製作費用五千萬韓圜，物流公司先取走賣出額之20%，也就是兩千萬韓圜（＝一億韓圜×20%），剩餘之八千萬韓圜扣掉五千萬

5. Jeef Leeds（2007.11.11). "The New Deal: Band as Brand". *New York Times*, http:// www.nytimes.com/2007/11/11/arts/music/11leed.html?pagewanted=1&_r=2&

韓圜之製作費用，最後剩下三千萬韓圜，為其獲益。而這三千萬韓圜則會依據歌手藝人締結之專屬契約進行分配。

物流公司（經紀公司）收益＝二〇〇〇（物流手續費）＋三〇〇〇（製作收益）＝五千萬韓圜

共同製作契約

假設服務公司產生一億韓圜之賣出，物流手續費25%、專輯製作之投資金額五千萬韓圜，物流公司先取走賣出額之25%，也就是兩千五百萬韓圜（＝一億韓圜×25%），剩餘之七千五百萬韓圜扣掉已知投資金額五千萬韓圜之製作費用，最後剩下兩千五百萬韓圜，為其獲益。而這兩千五百萬韓圜則是以五比五的比例方式，分配給經紀公司以及物流公司，也就是經紀公司獲得一二五〇萬韓圜之收益，而物流公司也獲得一二五〇萬韓圜之收益。經紀公司獲得之一二五〇萬韓圜則會依據歌手藝人締結之專屬契約進行分配。

物流公司收益＝二五〇〇（物流手續費）＋一二五〇（製作收益）＝三七五〇萬韓圜

經紀公司收益＝一二五〇萬韓圜

先行投資契約

假設服務公司產生一億韓圜之賣出，物流手續費25%、物流公司投資經紀公司之投資金額五千萬韓圜，物流公司先取走賣出額之25％，也就是兩千五百萬韓圜（＝一億韓圜×25％），剩餘之七千五百萬韓圜扣掉已知投資金額五千萬韓圜之製作費用，最後剩下兩千五百萬韓圜，為其獲益。而這兩千五百萬韓圜則需要全數支付給經紀公司，經紀公司獲得之兩千五百萬韓圜，則會依據歌手藝人締結之專屬契約進行分配。

物流公司收益＝二五〇〇萬韓圜（物流手續費）

經紀公司收益＝二五〇〇萬韓圜（專輯收益）

一般物流契約

假設服務公司產生一億韓圜[6]之賣出，物流手續費20％，物流公司先收取賣出額之20％，也就是兩千萬韓圜（＝一億韓圜×20％），剩餘之八千萬韓圜全數支付給經紀公司，經紀公司獲得之八千萬韓圜，則會依據歌手藝人締結之專屬契約進行分配。

物流公司收益＝兩千萬韓圜

經紀公司收益＝八千萬韓圜

以上範例說明，皆假設所有契約之專輯皆會產生高於製作費與投資金額之獲益，因而所有

6　一般物流契約專輯是不會產生一億韓圜以上之賣出額度，因為一旦有此一規模的賣出可能性，經紀公司就會希望以簽訂先行契約或是共同製作的方式進行，以獲取資本投資。

專輯都假設為成功之專輯並且有一億韓圜之賣出額度，所以站在物流公司的立場，最有利的就是自主製作，而後依序是共同製作、先行投資、一般物流，然而，風險性最高的就是自主製作，最低就是一般物流。一般而言，整體專輯物流中，會有一損益基準點，以超越該基準點的專輯大約不超過20%～30%看來，「高危險、高收益（high risk, high return）」的投資原則，在商業音樂中依然屬於熱門原則。

7 支付版稅

物流公司代替經紀公司向服務公司行使其著作鄰接權，也就是物流公司以代理中介之身分，代替經紀公司（音樂製作公司）收取販賣費用，扣除物流公司之物流手續費用之後之金額提交給經紀公司，稱之為一般版稅。版稅在專輯物流開始後三到四個月左右結算。因為服務公司需要從消費者端收取費用再交由物流公司分配，因而需要兩到三個月的時間，物流公司分配於經紀公司亦需一到兩個月的時間。

8　物流公司投資負責人之業務

確認專輯發行日

締結投資契約給付投資金額時，最重要的一部分為決定專輯發行時間。音樂是否大眾化、歌手藝人於音樂宣傳外的演藝活動多寡等固然重要，專輯的行程也是重要的角色之一。首先，經紀公司應最能夠決定日程的角色，因為母帶音源、音樂錄影帶何時會完成、歌手藝人之宣傳與演藝活動何時開始，經紀公司內部最了解。

但是，經紀公司預定之專輯製作，可能會因為各種理由拖延。包含音樂與音樂錄影帶遲延之內部因素，以及競爭歌手藝人之專輯過於成功，或是發生重大社會事件而必須延期之外部原因。投資負責人必須考慮這些內外部因素，並與經紀公司保持聯繫以確實掌握情況。

即使經紀公司已確認專輯發行日期，卻不代表該日就是最終專輯發行日期。物流公司有許多專輯發行、待發行，同時也有其他物流公司競爭，因而需要基於物流公司的立場，考慮最適合發行的日期。當然，並非片面由物流公司決定最終發行日期，投資負責人會與物流負責人一同確認其他專輯之發行日期，以及本身公司專輯發行之日期，綜合考慮過後再與經紀公司協調決定。

提供專輯資料

經由上述過程確定專輯日程後，投資負責人會將母帶音源以及相關專輯資料交給物流負責人。該資料經由物流負責人技術性確認之後交由服務公司之流程。過往為製作行動電話服務內容之來電答鈴與電話鈴聲，須事先提供服務公司母帶音源，但是容易發生音源外洩事件，目前是採用發行日當天馬上提供音源的方式進行。

需要提供之專輯資料如下：

(1)母帶音源（mp3）
(2)音樂錄影帶
(3)專輯封面
(4)新聞稿
(5)宣傳照
(6)收錄資訊
(7)歌詞
(8)宣傳影帶與影片

確認專輯發行情況

專輯發行通常為當日中午十二點，有時會依據歌手藝人或是經紀公司之意向而選擇凌晨零點發布音源，兩種方式各有其優缺點。至幾年前為止，發行日當天凌晨零點就會公開發布所有專輯內容。例如已決定二月一日發行之情況，直到一月三十一日晚間11點59分59秒為止，都處於尚未公開之狀態，直到二月一日凌晨零點零分零秒才會公開。但是這樣的發布方式也出現不少問題點。例如音源發生錯誤，或是上傳錯誤的專輯封面資訊到音樂網站等，都會產生尷尬的情況，因而相關人士，包含經紀公司負責人、物流公司以及服務公司負責人皆需要在凌晨零點值班待命，為了防止這種情況，經紀公司與物流公司協議將專輯發行時間改為中午十二點，若有任何情況發生，也才能夠及時修正而不至於發生意外事件。

然而，依然有幾位歌手藝人因其在音源網站排名上屬於 all kill[7]之故，依然維持凌晨零點開賣的情況，這是因為凌晨聽音樂的人不多，歌迷可以集中收聽其偶像之專輯，同時讓該專輯能在音源排行榜持續上升。假設歌迷數約有一萬名之歌手藝人在中午十二點公開發行專輯，白天相對於夜晚而言，醒著的人較多，假設該音樂網站使用人數為十萬名，聽取該專輯的比率約為10%左右，而凌晨時分，音樂網站使用人數較少約為五萬名，則聽取該專輯之比率就會上升至20%左右。

再者，若於凌晨將專輯音樂弄上排行榜前幾名，在早上上班上學的通勤時間中會利用

7 係指在所有線上音樂網站 Top100 當中第一名之說法。

Top100 的上班族、學生，就會很容易看到該專輯，曝光度相較於新聞稿而言，「排行 all kill」的宣傳效果會更好。只是還是會有一旦發生問題無法及時修正的情況，若問題無法及時解決亦會造成莫大的損失，因而不建議凌晨零時發行。

而無論是凌晨零點或是中午十二點發行公開專輯，每間服務公司之音樂網站都會確認該專輯有沒有被聽取，並且每小時更新排名順位，依據排名變化以及其他競爭專輯之實況，與經紀公司協議是否要有因應之宣傳等。萬一服務公司出現問題時，也須盡速告知物流負責人並且加以修正，抑或確認追加的宣傳。

投資負責人之業務範圍

投資負責人依據公司不同會有不同的業務範圍，共同製作之計畫，雖為投資負責人，但是實際於製作階段參與決定曲目者則是A&R負責人，同時音樂錄影帶之導演也需要參與概念會議。再者亦有兼任物流負責人之業務，能夠與影響力較大之音樂網站協商，並決定新型態之宣傳或是專輯宣傳活動。尤其是公司規模較小的情況，難免會身兼多重業務，可說是非常辛苦之工作，卻也相對能夠讓投資負責人累積更多實力。而大型的物流公司則是會有更精細的專業分工，同時也會有專門負責與金融投資公司接洽之「音樂投資」部門，透過NPV（淨現值法 Net Present Value）、IRR（內部收益率法 Internal Rate of Return）等專業投資價值評價的方式評估投資案。

9 音樂流通

音樂物流公司負責將唱片、音源分別交由中小盤商、音樂網站，同時提供專輯宣傳等資訊。再者，從服務公司處收取音樂販賣後所產生之賣出額，扣除物流手續費用之後交由經紀公司分配。物流負責人在自主製作專輯的情況下從製作負責人、共同製作或是先行投資專輯之情況，從投資負責人、一般物流之情況，從物流負責人處收到專輯相關資料，皆是了為配合專輯發行日能夠同步更新專輯資訊之故。大型物流公司之情況，有公司專門的物流系統將應當傳遞的資訊同步傳遞，或是服務公司可以直接連線物流公司之物流系統接收相關資訊。

音樂流通依據不同的媒體區分為唱片（CD、DVD）以及音源（串連、下載）。由於唱片與音源之物流途徑不相同，所以多半都會有唱片負責人以及音源負責人專責處理該業務，而依據物流公司之規模，也可能會有一、兩位同時處理該業務之情況。

唱片物流

雖說物流公司從經紀公司處拿到專輯完成品之CD，但是物流公司並沒有直接受領這些CD，而是直接進入已簽約之物流中心。物流中心是專門負責物流公司需要負責物流之所有CD與DVD、被服務公司（中小盤商）退貨之商品之地。一般而言專輯發行前三日，專輯就會進到物流中心，準備於發行日前一天將商品送至全國之中小盤商、線上商店，讓消費者可以

在發行日當天購買。

(1)新專輯列表與訂購唱片

唱片物流負責人可將專輯資訊製作成「新專輯列表單」提供各個中小盤商，中小盤商可依據預期銷售量向物流公司訂購。過往都是採用傳真訂購，現今則是採用電子信箱或是物流中心自家訂購系統下單的方式並行。萬一訂購數量比初出貨數量（工廠第一批生產之數量）多時，多半都會採行個別與中小盤商分配數量之方式，此時，物流公司就須考量與中小盤商之間的各種要件（安全結帳處理、宣傳連動現況等）。

特別是因為K-POP風行，會與CD一起贈送之專輯海報，雖然於韓國國內是屬於免費贈送，但是在海外卻可能需要付費，而其數量也如同專輯一樣，是屬於競爭激烈的狀態。雖然經紀公司會嚴格禁止免費提供物流公司或是中小盤商海報，變成需要付費購買的情況，物流公司也會注意不讓中小盤商有機會向消費者收取原本是免費之海報費用。但是海外販賣的情況，事實上是無法確實控管的。

另一方面，消費者擁護度不高之專輯，中小盤商的訂購量就會少很多，對於中小盤商而言，存放CD的空間與費用勢必就會增加，只是物流公司會希望中小盤商可以帶走更多的數量於賣場陳列，因為物流公司業務之一就是提高專輯商品之曝光度，如果能夠陳列於賣場就等於提高銷售量。再者，從提供專輯的經紀公司的立場來看，雖無法控制或說影響消費者的購買行為，但若連賣場都不願意陳列該商品，等於連販賣的機會都沒有，因而會盡可能的希望賣場能夠多陳列。但是近來實體店面販賣的ＣＤ數量遠少於線上商店，因此提供正確的專輯資訊、選擇正確的音樂分類宣傳就變得相當重要，同時唱片物流負責人需要隨時確認專輯於賣場陳列之狀態，並與賣場負責人保持聯繫以掌握消費者的反應，並傳達告知投資負責人或經紀公司。

(2)唱片宣傳

唱片物流負責人須讓消費者知道這張專輯並且願意購買。而為了完成這個業務，唱片物流負責人會整理專輯日程，以提供中小盤商消費者專輯預購之資訊，並且與經紀公司協議，抑或建議製作適當之初版專輯數量。這是因為不同的經紀公司，可能會發生專輯生產過量導致庫存問題，進而需要調整期望值，甚至可預防專輯生產不足而導致供給不足造成損失。

然而，生產過量反而問題更大，若初版專輯數量不足，消費者其實會願意等待一段時間，但是經紀公司過度具有野心，進而生產過多專輯商品時，就會造成經紀公司與物流公司龐大的損失。因而相較於音源市場，唱片市場的庫存管理更顯重要。從中小盤商處獲得預購數量為基準，以小於基準數量製作專輯數量，待發行後訂購數量增加時再依據該數量製作，對於唱片物流負責人之宣傳以及確認市場反應的業務，反而有助益。

(3)歌迷簽名會

唱片物流負責人之業務包含管理歌迷簽名會，搭配歌手藝人之宣傳或是演藝活動，安排歌迷簽名會，藉以宣傳專輯並可擴大販售量。上述業務內容需要唱片物流負責人與經紀公司或是投資負責人，透過緊密的協商溝通才有辦法上手。一般唱片物流負責人需要考量市場狀況、歌手藝人之歌迷年齡層舉辦適當場所、場次的簽名會，也需要視行程與宣傳主要概念，決定是否要舉辦簽名會。

一般而言，偶像團體舉辦簽名會，是基於專輯銷售成績具一定水準後，所進行的區域巡迴簽名會。站在歌迷的立場，雖然已經購買專輯CD，歌迷簽名會卻是能夠直接接觸歌手藝人的機會，會願意為了參與多場簽名而重複購買同一張專輯[8]。事實上，沒有像簽名會一樣可以與偶像近距離接觸的場合，透過簽名會可以將信件、禮物親手交給偶像，雖然只有短短幾秒鐘的時間。而站在經紀公司或是歌手藝人的立場會覺得，這是給歌迷最好的回饋，也能夠加深與歌迷之間的互動與感情，藉以讓歌迷願意參與之後的活動。然而，若無熱情的歌迷支持，即使舉辦簽名會仍無法聚集歌迷，反而會讓經紀公司與歌手藝人筋疲力盡，所以可能會提早結束簽名會或是改以小型公演的方式吸引人氣。

再者，簽名會之舉辦，要注意賣場的安全以避免意外發生，亦須注意賣場動線管理。歌手藝人要採用什麼樣的動線入場才不會發生意外，萬一歌手藝人出場時，人群一次湧入該如何應對等。特別是當歌手藝人行程延遲時，已到場的歌迷需要耗費時間等待，抑或只能簽幾個名就馬上要離開等情況，都會產生許多後遺症，因此時間行程掌握需確實，能夠提供簽名的人數也須事先公開告知。一般歌迷簽名會是由唱片物流負責人與投資負責人共同舉辦，若需要保安人力時，會由公司內部追加相關人力。

(4)管理庫存與物流中心

物流公司為有效管理庫存量與管理物流中心而努力，物流公司會利用物流中心之物流系統確認即時庫存、銷售量、退貨等。也就是藉由目前銷售量之確認以管理物流中心庫存，並與經紀公司確認是否要追加專輯製作。以避免當中小盤商追加訂購時發生庫存不足等問題。再者，賣不出去導致庫存過多之情況，亦需要與經紀公司協議清理庫存，這類入庫後清庫存的行為在現實中不太容易做到，因此一般都會採行較為保守的數量。

(5)管理中小盤商結帳與債權

唱片物流負責人所管理之中小盤商大致可以區分成三類。一為教保文庫、永豐文庫等大型書店，二是 interpark、yes24 等線上商店以及 synnararecord、book&music 等實體中小盤商，而最近各個地區日益減少之區域中小盤商則是較少直接簽訂契約。零售商從中盤商處拿到商品貨源販賣，將CD賣給海外歌迷之網站也是從中盤商處購入，所以也不會直接與物流公司簽約。

8　譯註：韓國歌迷會、簽名會、簽唱會之入場門票，多半為持有專輯或是音源證明。

大型書店之情況，對於消費者而言是屬於象徵性的意義之重要場所，因而是個極佳的宣傳地點，特別是若要舉辦簽名會，亦必須與書店管理負責人維持一定的聯繫與關係。線上商店則是透過官網接受預訂下單，因而需要專輯宣傳空間與各種活動來提高銷售率，若說過往是唱片物流負責人需要巡視、管理書店賣場與倉庫管理，如今網際網路當道，線上曝光的機會影響銷售，因而需要理解線上銷售之特性。

雖說中小盤商較過往縮減不少，但是就銷售率層面上來看還是佔絕大多數，特別是K-POP人氣歌手藝人之海外銷售率佔五成以上，海外銷售一空的情況特別常見，因而經紀公司會生產更多專輯以及搭配海報以提供海外歌迷更多的服務。

過去中小盤商與物流公司使用交換票據，而今唱片市場萎縮，許多中小盤商在縮減與合併之後都採用每月現金交易的方式進行。站在物流負責人之立場，能夠迅速掌握交易對象之財務狀態或是業界現狀與資訊，也能夠預防發生無法回收之債券之情事。

(6) 唱片結算

相較於音源，唱片的商品種類少且價格固定，因此可以每月確認。一般都是月底結算，CD、DVD之情況則是依據「販賣價格×數量＝賣出額」的公式，雖然不計算退貨商品才能夠確實計算賣出額，但是締結契約時會估算「退貨預估金」，退貨商品會於之後一次性計算，較能確實計算出當月之賣出額。物流公司所計算出的賣出額，在扣除物流手續費之後交給經紀公司，物流手續費會依據簽訂之契約種類不同且會明示於契約書中，依據契約規定執行。唱片的計算週期通常為販賣完成之下個月份。

⑺收藏用之唱片購買

唱片如今已非高價商品，而是視覺商品之一。過往是為了聽音樂而購買CD、為了看演唱會或是音樂錄影帶的影像而購買DVD。如今購買喜歡的歌手藝人CD之理由，不是為了聽音樂而是為了收藏擺放，陳列於家中隨時可見的位置。近來，購買專輯不僅僅是為了CD，還包含隨CD附送的各種商品。有種不是因為購買CD會附贈照片與明信片而購買，而是為了照片與明信片而購買CD的感覺。為了滿足歌迷，就需要花費更多的製作費用，這是因為比起提高專輯販賣之利益，更注重歌迷服務之故，特別是偶像團體之專輯更有這樣的趨勢。

經紀公司對於唱片的收益並無太多期待，僅能看作是喜歡歌手藝人、喜歡其音樂而願意購買收藏。再者，由於唱片購買率依然是唱片排名之重要因素，因此歌迷會為了喜愛的歌手藝人之排名而購買該專輯。這也是歸類於歌迷為了喜愛歌手藝人之購買行為，不能說是為了聽音樂而購買專輯收藏之行為。

⑻K-POP海外歌迷購買唱片

歌迷為了讓喜歡的歌手藝人於音樂排行榜之排名而購買唱片的行為，也變得比過往單純聽

音樂的購買還要多，而且，音樂之外的遊戲、電影、電視等可以娛樂的活動也逐漸增多，往後也會是這樣的趨勢。因此購買唱片的歌迷數不增加的話，唱片市場萎縮也是可以預期。但是，卻有一個變數產生，就是K-POP開始盛行於全世界。

因為K-POP盛行之故，海外的唱片販售逐年提高，原屬韓國國內販售之30%～40%的唱片移往國外銷售，唱片之出口銷售，依據各國著作權法以及相關法令個別授權並製作為原則。但是就像七〇、八〇年代海外水貨的唱片廣受愛戴一般，在韓國製作的原版專輯反而更獲得海外歌迷之愛戴。也因為K-POP的人氣，稍稍挽救正在縮減規模的唱片市場，目前每年可以維持九百到一千億韓圜的規模。

音源流通

音源物流係指搭配專輯發行日進行之宣傳而言。大型物流公司會有自家的物流系統將相關資訊以自動或是連動的方式傳送，或是服務公司透過物流公司之物流系統接受相關資訊。音源物流負責人就是管理物流系統資料與更新並且提供服務資訊，而最重要的就是管制監控在發行日前不可以提供該項服務。

(1)服務公司締結音源使用契約

音源物流負責人主要業務之一，就是將各個服務公司與物流公司持有之音源，透過協議締結音源使用契約。商業上最重要的要件就是契約，而音源使用契約包含音源價格、服務種類、契約期間等等，不同的內容與條件也會與往後產生法律問題有關係，因而需要協議與仔細確認內容。

(2) 締結服務之具體明示

針對一開始協議之服務內容，若需要額外追加或是變更時，亦須告知並協議相關辦法。若沒有事前協議追加或是變更事項，容易使契約變調，因而需要具體明示其限制。例如，物流公司雖許可音源服務公司使用音源，服務公司若要變更為購物網站，在購物中心等地使用音樂服務，就等於原先與物流公司、經紀公司簽約之內容不同。站在代替經紀公司行使著作鄰接權之物流公司的立場，該音源之使用需要依據音源契約確實執行並時時確認。

(3) 新會員與宣傳

服務公司通常會於一般新服務開啟時進行許多免費（宣傳）活動，而除了新服務外，會員招募也會舉辦各種優惠活動。此時要注意的是，物流公司並非免費使用這些音源，雖然消費者不用付任何費用，但是服務公司亦需結算該筆權利費用給物流公司，而物流公司則需要結算給經紀公司。

(4) 提供專輯資訊

依據各個服務公司與物流公司提供專輯資訊不同而不同，目前有服務公司為中心之系統與物流公司為中心之系統。

服務公司為中心之系統，以 Melon 的 MLB（Music Lisence Bank, http:// www.sktmlb.com）為代表，對於 Melon 來說，MLB 是服務公司為中心之系統的 Melon 服務，由物流公司或是經紀公司透過 MLB 系統上傳管理音源之資訊。

以物流公司為中心之系統以 CJ E&M 的 CJMP（CJ Music Platform, http://cjmp. playmlive.com）為代表，與 CJ E&M 締結物流契約之經紀公司，會上傳相關音源資訊到 CJMP，服務公司負責人則能進入該系統下載所需資訊。

由於大部分都是採用固定模式，因此經紀公司、物流公司以及服務公司若要多次重複輸入的話，太過缺乏效率。因此開發不需一一輸入，只要將繼承資訊一次上傳即可提供相關資訊的方法，而該方法就是採用 DDEX（Digital Data Exchange：資料設計工具擴充性），所謂 DDEX，就是大型唱片公司、數位音樂服務提供業者、音樂著作權管理代理業者，以數位音樂販賣之效率為共同目標所製造之後設資料（metadata）標準而言。

基本上每張專輯都會有數項資訊，例如專輯固定編號與專輯名稱、歌手藝人名稱、專輯目錄、音源、音樂錄影帶等固定規格。將這些規格標準化之後，經紀公司於製作專輯的當下，就可以使用 DDEX 讓物流公司、服務公司一同使用，就不需要辛苦手動輸入，也不會有打字錯誤的事發生。

也就是物流公司之系統與服務公司之系統各有其規格樣式不易連結，而透過 DDEX 標準即可更有效率的進行資訊交換。當然，還有許多物流公司與服務公司尚未使用該標準系統，但是隨著全球化的服務日增，總有一天大部分的公司都會採用這套系統。

整合不同系統提供專輯資訊，是音源物流負責人的主要業務，且要注意不要外洩資訊。過往常發生因為物流負責人或是服務公司負責人之疏失，而導致專輯尚未發行，該資訊就外洩的事件，如今各個系統都有IP追蹤功能，這樣的問題已經不復見。

(5)音源公告

透過服務公司系統或是物流公司系統上傳資料之後，音源物流負責人需要公告，好讓各個音樂服務公司負責人知曉音源資訊，音源公告說誇張點，就是音源物流之開始與結束，就像孩子出生之後需要申報戶口一般，音樂公告是最基本的項目，而所有後續的進行都須仰賴公告方能接續，因而需要特別用心。

過往尚未發展出完善的物流系統時，僅能仰賴電子信箱發送專輯相關資訊，但是音源公告發送時皆須附上有趣的專輯故事與相關評價，好讓服務公司負責人能夠產生興趣，然而，就算提供有趣的專輯故事，但是主要資訊若有錯誤時補送「修正公告」、「重新修正公告」，會讓服

務公司覺得厭煩。例如該張專輯之主打歌原標示為「真的很喜歡你」，而後卻表示要改成「喜歡你，真的」，或是經紀公司名稱原標示為「夢想的自用車，Entertainment」卻說要改成「夢想的自用車 Ent.」，對雙方都造成困擾。

當然這可能是負責人單純的疏失，但有時也會是因為經紀公司與投資、製作負責人之間溝通出現問題，或是經紀公司改變心意，因而導致物流負責人不得不發送修正公告。但是最容易混淆之部分就必須事前再三確認，方能避免需要發送修正公告之情況發生，因為若是基於管理人員之問題，造成內容標示錯誤進而無法查詢，抑或讓累積之音源出錯影響排行。

若能理解音源公告並好好善用，就能夠勝任音源物流的重要業務。但目前擔任相關工作者對於這部分都沒有正確的理解，這不但是基本工夫也是重要的業務，不但是音源物流負責人，即連相關負責人也必須正視這項工作。

(6)專輯宣傳

音樂市場已經從唱片移轉至音源市場，除了唱片販賣比率較高之偶像團體與一部分人氣歌手藝人之外，大部分的音源賣出額都比唱片多，本書第二章提及之唱片市場約佔一千億韓圜、音源市場則高達七千億韓圜，可說音源的宣傳已不容小覷。

主要的宣傳能夠透過推薦歌曲、最新專輯、首頁廣告（banner）與網站廣告（banner）達到曝光效果。

(7)推薦曲

各個音樂網站都會有「Top100」之類的音源排行，排行榜會將所有音源進行分類，包含以所有音源為基準的「綜合排行」、依據音樂類型之「分類別排行」，以及以時間為基準之「即時排行」、「每日排行」、「每週排行」、「每月排行」等。每個排行榜都會依據其基準列出一到一百名，推薦曲則是放在第一名之前的欄位，可說是曝光度非常高的區域。再者，音樂網站依據該網站規則，每十二至二十四小時強制更新曝光，而網站使用者只要按下「全部收聽」鍵，就能夠收聽包含推薦曲之音樂，因此不僅歌曲能夠曝光，對於賣出額也有一定的貢獻。因此，物流負責人為了讓其所負責管理之音源，能夠在推薦曲一欄曝光，需要付出相當大的努力。

但是基於市場競爭相當激烈，被選定為推薦曲的機會並不高，加上物流公司同時經營音樂服務公司，為了擴大自身物流公司管理之音源的賣出額，多半都會以自家的音源為推薦曲。因此，為了公平起見，而出現廢止推薦曲的主張，但在市場競爭體制下，企業為追求最大利潤之選擇權不宜過分介入。也就是在商業音樂之特性上，從音樂製作、物流、服務為止，以水平排列之方式進行，往後也是遵循這樣的模式，而在音樂市場規模無法擴大的前提下，為了提高獲益率，也沒有其他可行的模式。

文化體育觀光部於二〇一二年十二月二十七日舉辦之「數位音源排行公平化公聽會」即為了解決推薦曲的問題而努力，而業界也共同決議各個服務公司之推薦曲數，由一首增加為六

首，以推薦不同種類之推薦曲讓消費者周知之方式進行。

前述所謂取消推薦曲以引導公平競爭之主張，與各個服務公司自律並交由市場競爭的兩種方式皆屬有利的模式，難以偏向某一種模式。而實務上，推薦曲之選定並不能保證該曲目一定會上排行榜前幾名，因而推薦曲其實效果非常有限。因此推薦曲應當是許多宣傳手法中的一種，實際上，歌手藝人之努力或是經紀公司得當之宣傳新聞稿，也能夠讓即時搜尋關鍵字上升，有時所獲得的成果反而比推薦曲還要好。

音源物流負責人會與經紀公司協議幾項話題選項，提早提供給服務公司負責人，好讓負責音源能夠成為推薦曲，服務公司的主要目標是招募更多會員與使用數，因而能夠讓訪問者增加，進而讓消費者收聽歌手藝人之曲目造成話題性，對於雙方皆屬有利之行為。

(8)最新專輯與首頁廣告（banner）、活動

對於物流負責人而言，最新專輯與廣告（banner）之曝光也是宣傳的重點之一。特別是新專輯之情況，迅速確實讓歌迷知曉具有一定程度之象徵意義，因而皆希望可以盡速放進音樂網站之「最新專輯」一欄。問題是首頁畫面曝光與否，取決於最新專輯欄位的移動式視窗，理所當然，經紀公司一定希望放在首頁的第一個欄位，因而該欄位競爭勢必相當激烈。歌手藝人之能見度與該專輯之話題性皆為考量要件之一，可能的話，該網站亦會擺放宣傳影片以擴大該新專輯之能見度。

而首頁的廣告（banner）於十幾年前皆採用 NAVER[9] 廣告（banner）的模式，由經紀公司或是物流公司花錢購買。但目前首頁廣告（banner）、推薦曲、最新專輯等欄位已無法以購買方式取得，當然各家服務公司依然在網站廣告（banner）有曝光之機會，但是上述所謂曝光欄位早已為音樂網站付費使用中，對消費者產生相當大的影響，因而無法購買。

音源物流中，與錢最有關聯性卻又無法花錢購買，顯示這部分競爭相當激烈，因而物流負責人需要格外費心關注每週有哪些專輯曝光，有沒有特別關注某間公司導致自家物流之專輯曝光度不高，也要確認自家物流之專輯是否有確實放進該放之欄位。

(9) 不同網站不同宣傳

各家音樂網站皆有特別的歌單模組，Melon 之情況，有以藝人直接推薦的「歌手藝人＋」之選項、Mnet 則是有將內容放入「雜誌」，就會有在首頁廣告（banner）曝光的可能。NAVER 音樂則是有「鑑賞會」或是「特別」等選項在 NAVER 首頁「音樂」項目中獲得曝光之機會，因而專輯發行之前需要與相關負責人協議可公開之特別內容。音源物流負責人需確實掌握宣傳進行的方式，找出不一樣的一面，讓消費者願意點選，同時也能夠說服服務公司負責人以達到最佳曝光率。

9 譯註：NAVER 為韓國第一大商業入口網站（www.naver.com）。

⑽一般物流契約

前述專輯契約之四種模式——自主製作、共同製作、先行投資、一般物流，自主製作係指製作公司與物流公司合一，物流負責人與製作負責人協議共同處理業務、共同製作或是先行投資，係指經紀公司透過協議，將專輯資料或是業務協議之方式交由投資負責人專責處理，因為物流負責人不需要與經紀公司接觸，而是由投資負責人全權處理相關資訊。但是一般物流採行投資負責人與物流負責人並行的方式，雖然會依據公司規模或是情況有不同的人力配置，或是依據業務特性決定一般物流契約之負責人。

物流公司亦有不做一般物流之情況，一般物流之賣出額度佔總比重低，而業務量卻與自主製作、共同製作、先行投資一樣繁重。而賣出額雖少，卻仍有不少經紀公司會提出締結一般物流契約之要求，只是一般物流公司難以接受。不過，換個角度思考，就會發現能夠與不同的經紀公司接觸，又能夠正確得知實務情況，對於物流負責人來說是種助益，採行一般物流之經紀公司規模較小，也能夠培養出不同的歌手藝人與不同的音樂類型，負責人的協助與角色就相當重要，專輯成功之後亦能獲取更大的成就感與樂趣，異常辛苦卻能夠收穫良多。從一般物流負責人開始累積經驗，往後在商業音樂領域內也可以有更大更好的發展空間。

⑾Ｂ２Ｂ、廣告音樂販賣

音源物流負責人代為行使經紀公司所擁有之著作鄰接權（管理權），若有線上音樂網站以外之其他使用音源之情況，需要獲得使用許可並支付對價。當然物流負責人不可任意決定，應交由經紀公司（或是製作、投資負責人）協議訂定，但是物流負責人對於相關業務非常了解，也知曉業界在市場上販賣的價格，故能協助並擔任協商的橋樑。

例如將音源使用於音樂遊戲[10]時，將音樂活用於遊戲中可達到最佳的音樂宣傳，也對賣出有所貢獻。再者，購買MP3播放器或是特定電子產品時，若內建有相關音源，亦可針對這部分協議價格及服務期間，更有效率的為經紀公司販售相關音源，是非常重要的角色。

物流契約締結時，就是將所有媒體與廣告皆交由物流公司負責，這是因為物流公司比經紀公司更了解廣告音樂市場之價格，因此接受物流公司之建議，經紀公司只要確認該廣告對於歌曲與歌手藝人形象不會有所損害即可許可。獲得著作權人許可使用於廣告之音樂雖然不容易，但是獲得著作鄰接權人許可相對方便。

事實上，廣告公司會因為廣告主之要求而於短暫的時間內準備多種版本，音源物流負責人

10 譯註：音樂遊戲是電子遊戲類型的一種。玩家配合音樂與節奏做出動作（依畫面指示按鈕、踏舞步、操作模仿樂器的控制器等）來進行遊戲。通常玩家做出的動作與節奏吻合即可增加得分，相反情況下則會扣分或不計分，部分作品甚至會因為有類似血量限制的設定，倘若失誤過多，會強制結束遊戲（Game Over）。此外某些遊戲會要求一定的得分，若無法達成則會結束遊戲。

對於廣告音樂的使用，於一天內會有多次反反覆覆，直到最終決定的瞬間依然無法確認，因而需要在最短時間內快速了解廣告公司之要求事項並做出適當之回應，只要著作權人不反對就能夠將歌曲使用於廣告音樂上，對於歌曲宣傳會有極佳的效果。但是既存已發表之音源之使用，需要獲得著作權人與著作鄰接權人之許可，但是若為重製之其他版本之錄音時，僅需要著作權人之許可，就不需要著作鄰接權人之許可。

因而平時多與音樂導演或是廣告公司培養默契，讓音樂導演或是廣告公司知道物流公司所擁有之音樂類型也是一種好方法。當然最終決定採用音樂的主要關鍵是廣告主的權利，音樂導演或是廣告公司其實沒有什麼決定的權限，但是人們總是要建立良好關係，說不定能夠在高收益的廣告音樂中獲得更大的利益。再者，若能夠整理出廣告適用歌曲之類型並活用之，對於公司積極活用宣傳音源會有很大的助益。

⑿監控侵權與訴訟

代替經紀公司行使著作鄰接權，亦會發現多種類型之非法服務，而物流公司在此就是採取必要行動的重要角色之一。不論花了多少力氣宣傳販售，非法服務會削弱相關人士所做的一切努力，當消費者意識到音樂便宜且方便利用時，就能夠減弱非法服務之可能，但是目前仍處於需要積極努力的情況。一旦確認有非法服務之事實，以截圖方式確保證據，並要求該非法服務提供者或是網路公司盡速下架。再者，通常非法服務不會只有一個物流公司受害，可以集結多間物流公司共同解決非法服務之問題。因此有二〇〇八年十二月九日包含韓國與其他國家主要物流公司與海外音樂公司，經文化體育觀光部許可同意，共同成立韓國音樂內容產業協會（http://www.kmcia.or.kr），以應對非法市場。只是雖然海外非法服務之情況適用法規有一定之限制與困難處，但還是需要努力阻斷此類非法行為。

韓國音樂內容產業協會針對CD銷售順位與音源銷售順位做一公正之統計並發表之，可說為音樂產業之進步以及非法服務之共同對策。K-POP商業音樂集結多間服務公司之排行榜進行公平統計之 Gaon Chart[11]（http://www.gaonchart.co.kr），期望 Gaon Chart 能夠成為像美國告示牌排行榜或是日本公信榜一樣具有公信力之排行榜，對於韓國音樂產業發展具有良好的助益。同時每年依據 Gaon Chart 舉辦 Gaon Chart K-POP大獎，由於是依據排行結果為基準之活動，具有一定公信力，目前深受海外歌迷喜愛。

11 譯註：Gaon Chart（或譯為加翁排行榜）是韓國第一個為政府所承認的唱片排行榜，由韓國音樂內容產業協會管理，韓國文化體育觀光部贊助。成立此排行榜的目的是希望建立一個像美國的「Billboard」和日本的「Oricon 公信榜」般，公信力甚高的全國官方排行榜，並宣揚其大眾音樂文化。Gaon Chart 於二〇一〇年二月正式開始運作。

海外物流（唱片、音源）

唱片通常不會經由正式的管道直接將韓國境內之CD配送至海外，但是韓國境內之CD能夠透過中小盤商配送至海外，目前僅能依靠中小盤商自律。而海外唱片物流經由授權能夠代替經紀公司發行已授權之專輯，舉例來說，A歌手藝人發行過四張專輯，某個國家能夠從四張專輯中選擇幾首歌曲製作成一張全新專輯，並於該國販售，當然該專輯是以該國之語言製作發行，也僅能在該國販售。

此時，新編輯的這張專輯，從其型態來說，從封面製作開始皆需要重新製作，一般海外物流負責人都會與該國物流公司締結契約，提供音源與照片，進而由海外物流公司製作，並取得經紀公司核可之後在該國發行授權專輯。專輯的製作費用與物流則為該國物流公司負責，對於韓國的經紀公司與物流公司而言不僅風險小，也可借助該國物流公司管制非法服務現象，可說是達成打入海外市場的目標，同時也能夠提供合法的音樂服務。特別是海外物流公司投入資金製作專輯，亦會舉辦歌手藝人歌迷見面會、專輯Showcase。對於經紀公司而言，推廣專輯成功打入該國市場，具有相當意義。雖然授權相關的手續費用約為20%～30%左右，並不算貴，比起賣出額度更讓人喜愛的是，擴大市場的效果以及在該國能舉辦公開演出、廣告代言等等機會，亦是物流管道之一。

音源用於行動電話之來電答鈴、鈴聲等服務在海外市場不大，網路非法服務還未完全消失，而音源在海外的賣出大部分都來自於行動服務。一般會提供海外物流公司專屬契約或是一般契約兩、三年的期間，採行選取音源進行授權的方式在海外流通。而音源與唱片不同，授權的手續費用高達30%～60%左右，其理由為唱片製作費用高，海外物流公司需投資相當資金，但是音源卻不需要讓海外物流公司投資大量資金之故。

iTunes、Youtube 物流

由於K-POP人氣水漲船高，在 iTunes 與 Youtube 的賣出額日益增加，物流公司需要設置專業人力以提高賣出額。iTunes 的情況是屬於MP3下載服務，每曲單位平均〇．九九美金，屬於高單價，但是在全球音樂市場從下載走向串流之際，往後成長幅度不用過度期望。再者，蘋果購併[12]串流專業公司 beats 音樂（http://www.beatsmusic.com）之後，會以什麼樣的方式連結既有 iTunes 服務，這是音源物流負責人所需關注的事項之一。

目前 Youtube 的服務量以及賣出量都在逐步增加，不僅賣出量，Youtube 的歌迷回饋率也是最高的。當特定國家區域點閱特定連結數急速增加時，監控系統同時能夠提供相關分析數據給予經紀公司關於打入該國家市場之建言。而且讓使用者理解上傳音樂與音樂錄影帶的可能

12 譯註：目前進度。https://aestw.wordpress.com/2015/05/24/系列報導-apple-beats-線上音樂服務於下個月推出。

性，物流公司與經紀公司結算亦可透過 Youtube 自動系統。但不要太過依賴點閱數，要經常手動確認以期獲得更大收益。特別是 Youtube 計畫開啟與既有音樂錄影帶服務、不需插入廣告即可收看之付費音樂服務 Musickey（https://www.youtube. com/musickey）之際，物流公司需要持續監控，並對於以全球消費者為目標的音樂服務平台有所應對之策，以避免收益兩極化。

唱片、音源宣傳設計

通常在唱片賣場設置之P. O. P.與線上CD賣場曝光之專輯活動網頁，以及線上音樂網站曝光之活動網頁，多為物流公司所製作並提供服務公司使用。服務公司會依據一定規則要求各個音樂網站提供專輯相關的照片、封面、新聞稿，以供設計出具有宣傳效果之P. O. P.與宣傳網頁。

P. O. P.需要送至印刷廠，而網頁宣傳則交由服務公司負責人，這邊要名處知道，因為專輯資料多半都會晚到，所以這些宣傳設計更是需要搭配時程盡速提供給服務公司。再者須確認經紀公司提供之新聞稿，文書上的錯誤與設計網頁的錯字有時會給人不同的感受，文書上的錯字可能不易被發現，但是一旦上稿網站，就很神奇的極容易發現錯字，加上網頁設計還有美學設計在內，若出現錯誤就會失去該有之設計感。

由於設計師設計之網站頁面能夠影響消費者，因而需要理解經紀公司對於專輯之風格理念，以及確認最具效果之宣傳方式。如果只是照著既定的模式設計，就會走進固定模式中重複

「複製＋貼上」，陷入老套的循環。小型的廣告（banner）設計師亦需在既有的限制中，找出有效提高使用者點閱率的宣傳方式，設計師本人的實力也可因此而提升，更能勝任這個角色。

唱片、音源專輯結算

專輯之物流與服務的目的是為了賺錢，在商業音樂領域中，音樂物流的角色是將音樂傳遞給消費者，同時也要對在這個過程中付出心力之所有相關人員盡責的進行結算分配。一般物流公司皆具有自主分配系統，因為唱片部分與物流中心連線，故能夠確認每個月的那個時間點銷售多少CD，從販賣起始點開始一個月後，就能夠將結算之金額交予經紀公司，而音源則是以發行日為基準點，三至四個月後能夠提供給經紀公司。

消費者選擇音樂按下播放鍵的那一刻，該資料就會以月為單位，針對個別歌曲之使用率、消費者選擇哪種商品組合計算賣出額。算出的金額會於兩到三個月左右先傳達給各個物流公司，而物流公司會依據計算資料分配給各個經紀公司，因而也會耗費一些時間，約需一個月左右的時間。我們會想說，既然都是電腦作業系統處理，應當馬上可以結算出金額才對，但是由於資料量過大，加上各個經紀公司之結算格式略有差異，因而會需要一些時間彙整。

結算資料是最能夠理解音源在商業音樂的基本核心，若能確實掌握這些資料就能夠理解並掌握音樂消費的輪廓，並洞悉「這首歌曲在哪一種服務類型中能夠提供感動，下一回的服務中若能執行這樣的宣傳策略就好」，目前的音源市場能夠持續驚人的人氣魅力，就是因為確實掌

握了這項數據之故。

10 音源授權（Licensing）

授權，係指使用人（Licensee）獲得所有人（Licensor）之財產權（商標、姓名、標示、人物、設計、著作權）之同意而使用，以及與其相關之行為、業務。

廣義的說，從取得擁有音樂財產權（著作權、著作鄰接權）之權利人許可同意後所為的行為，就是授權，我們至目前所探討的所有投資、物流也都屬於授權範圍。但是，商業音樂中所指的音樂物流與音樂授權在使用上有明確的區分，最大的差異是音樂物流係指各種服務之核可與拒絕之權利，而音樂授權則是針對使用的權利。

因此，各個使用音源服務之服務公司內部皆有專責音源授權之部門，因為物流公司皆是採用締結「音源使用契約」取得音源使用權，有專責自家音樂服務授權之部門，亦會有專責其他音樂服務授權之部門。

舉例而言，假設A業者專責授權、B業者負責營運音樂服務，那麼為什麼B無法自行處理授權事宜，而須交由A執行授權呢？原因在於業務執行之效率與降低費用。A是既有之授權業務，與多家物流公司簽訂契約並維持一定友好關係，若有新服務則能夠順利取得授權的部分。但是新設之B業者若想要進入音樂服務，要獲得使用權除了需要有授權專責外，還需要相關系統設置與人力費用之支付，因而需要將授權這個部分交由專業公司負責。而以A立場來說，不僅處理B，也代為行使其他業者授權業務，從而提升授權業務之效率。

與消費者接觸較多，但與音樂權利人無任何關係之業者，如同B一般，就可以將音樂使用的權利問題，也就是授權部分交由A負責，B只要專心於音樂服務即可。如此一來，即可將自家音樂之內部授權與他家音樂之外不授權業務區分處理。

音源使用契約（授權契約）

授權負責人或先與物流公司以及各個經紀公司簽訂使用許可之音源使用契約。如同前述物流公司章節所述之「服務公司音源使用契約」，物流負責人則是與各個經紀公司簽訂「音源代理中介契約」，與服務公司簽訂「音源使用契約」，而授權負責人則是與各個經紀公司以及物流公司簽訂「音源使用契約」。

授權負責人雖然僅簽訂音源使用契約，但其數量比起物流負責人還多出許多，因為有上萬首歌曲名單，需要較多的物流負責人，所以簽約的經紀公司也相對較少，負責之服務公司也僅有二、三十間。但授權負責人針對音樂服務整體清單（一般為數百萬首），需與全部之經紀公司、物流公司簽訂契約。

同時，不僅簽約部分，連同音樂服務與結算皆須每個月為之，以致業務量非常龐大。加上非法服務等不當使用之法律紛爭亦需要相當專業應對，相對辛苦。但若建立完整系統，穩定收

取手續費用，就能夠建立一道進入障礙，取得獨佔之地位，也是商業音樂中最穩定的領域，可以說是能夠透過大規模的投資取得獨佔姿態之領域。

音源服務監控與服務管理

授權負責人基本業務之一，就是需配合專輯發行日確認音樂網站上之服務是否確實上架。並且不時確認權利變動的情況與更新資訊。

一般而言，即使更換經紀公司或是物流公司，對於消費者而言不會造成任何影響。但是站在授權負責人的立場，音樂使用之費用結算價格就會不同，若此時系統無法即時更新，往後可能會出現問題，因此必須確實更新。然而，曲目數可能多達數百萬或是數千萬首，若其中一、兩首出現問題就容易導致不可逆之情況。加上權利人（著作權人、著作鄰接權人）能夠有許多要求服務中止之情況，授權負責人就須為了消費者，盡力去說服權利人不要中斷提供服務，若是無法說服權利人，導致服務必須中止之情況發生，亦須盡快於網站公告並標示「依據權利人要求，該項服務終止」，才不會使使用者產生誤解。

音源結算

授權業務中，最耗費時間與精力之業務就是結算，不僅結算資料龐大，相關之經紀公司、物流公司眾多，因而結算系統規模也非常龐大。過去系統進行結算時，常常會因為負擔過大而讓音樂服務出現障礙，但如今大部分結算系統都與服務系統分開，也因結算系統發達，使得音源結算方式相較於過往便利許多。

專輯宣傳與活動

每間公司之業務範圍不盡相同，某些公司負責授權業務，而該授權負責人也須負責音樂網站之宣傳與活動。而其他公司之服務負責人與授權業務負責人會負責其他的業務類型。

海外音源授權

與海外音樂網站之授權契約，也是韓國K-POP能夠風行海外的重要業務之一。海外音樂網站若要與個別物流公司簽約的話，會耗費許多時間與費用，因而與海外音樂網站締約，能夠更方便推廣K-POP之音樂服務。

11 | Merchandise、Goods 流通

Merchandise 係指活用歌手藝人之姓名、形象之商品。在業界會稱為MD商品、Goods，或是在演唱會會場暢銷之MD。帽子、T恤、襪子、扇子、文具用品、手錶、杯子、螢光棒、購物袋以及卡夾，廣義的說，是與歌手藝人相關之一般性產品。

Merchandise 之製作與物流區分為兩種，一為外包給其他業者進行、一是由物流公司內部企畫、製作、物流。在音樂銷售日益萎縮的情況下，歌迷購買之 Merchandise 的賣出額度就更顯重要。再者，因為K-POP人氣高，MD市場也逐漸增加，加上以非法方式流竄的音樂、經紀公司未核可之非法MD商品，可見這個市場規模相當龐大，為與非法 Merchandise 有所區分，我們將這些正式的MD稱為官方MD或是官方 Goods。

Merchandise 契約

Merchandise 負責人負責與經紀公司、產品設計業者、販賣業者以及 Merchandise 品項、製作數量、費用支付方式與金額、販賣期間等簽訂契約。依據契約條件的不同製作業者會負責不同的設計，跟販賣業者收取預付金額，交給事業部門。有時也會依據不同產品簽訂不同的契約條件，Merchandise 之設計或是產品區分為永久性商品以及特定期間商品（月曆、年曆）。

Merchandise 企畫、製作

專門的 Merchandise 業者會提出 Merchandise 計畫案，抑或考慮歌手藝人之形象與市場狀態製作企畫。有名的歌手藝人可能需要從許多的提案中找尋適合的方案，但不有名的情況，多半都是經紀公司或是物流公司計畫推行。

Merchandise 之企畫並非單純只是要提高賣出額，而是要優先考量歌手藝人之形象與風格

該如何凸顯，因此須以產品的特性為考量點，而非無條件便宜或是非走高價路線不可。

企畫人員必須有創新的企畫案與設定適當的價位，並且需要考慮專輯發行、演唱會、演藝活動，決定發行時間點。ＭＤ商品要讓喜歡歌手藝人的狂熱歌迷感受到與他的偶像是一樣的。特別是海外歌迷對於ＭＤ商品的喜愛度比韓國歌迷還要強烈，因此也需要考量全球市場之情況。再加上 Merchandise 製作業者會與許多地方簽訂相關契約，因而需要掌握其規模以及確認有沒有非法物流。

Merchandise 物流

與一般ＣＤ之物流通路類似，使用物流中心進行物流分配。如今商業音樂中，音源已經是主要銷售中心，ＣＤ已經有成為 Merchandise 之一的傾向。ＣＤ走向高級化，不知該如何區分ＣＤ是海報、畫報，還是專輯。

品牌 Merchandise

美國有名的製作公司德瑞博士[13]就是使用本人的名字發行耳機品牌，五年內就創造了一兆規模之耳機公司，不只耳機，還有電腦音箱、家用車音樂以及 Beats Music 的串流網站，用其名字所創立的品牌領域不斷擴大，這也是廣義的 Merchandise。

韓國朴軫永與美國魔聲公司[14]合作名為 Diamond Tears 的耳麥，將自身變成 Merchandise。往後，可以期待歌手藝人可能朝多樣品牌 Merchandise 邁進。

12 整理歸納

1. 經紀公司接受物流公司投資，其中一個理由包含音樂製作費用不足與物流公司擁有宣傳能力支援。
2. 物流公司投資經紀公司之理由為，能夠穩定收取物流手續費以擴大收益，因此會以持分的方式投資經紀公司。
3. 物流公司於專輯投資時，會對欲投資之專輯進行審查，從各個層面去確認能否有一定的投資獲利。
4. 專輯契約種類

依據不同契約種類，物流公司收取的物流手續費用也會不同，管理權會依據不同的契約，決定是由經紀公司或是物流公司取得。

(1)自主製作契約

(2)共同製作契約

(3)先行投資契約

(4)一般物流契約

(5)三六〇契約

5.音樂物流

(1)唱片物流

13 譯註：Dr. Dre（英語：André Romelle Young，一九六五年二月十八日——）中文常翻作德瑞博士，或德瑞醫生，儘管 Doctor 在 Dr. Dre 的名字中並不代表醫生。生於美國加利福尼亞州康普頓，是一位非洲裔美國音樂製作人、饒舌歌手、企業家。一九九六年離開他與 Marlon "Suge" Knight 共同創辦的 Death Row Records，經營自己的唱片公司 Aftermath Entertainment。他是 Hip Hop 音樂界最富有、最具影響力、最成功、最著名製作人之一。由 Dr. Dre 發掘與培養的藝人有 Eminem、Snoop Dogg、2Pac、50 Cent 等等。

14 譯註：「魔聲」線材公司（Monster Cable Products）是一家美國影音線材和耳機生產商，由李美聖（Noel Lee）創建於一九七八年。

因為有K-POP海外歌迷購買唱片之故，讓唱片市場的規模能維持在一千億韓圜左右。

透過新專輯列表單訂購專輯，於各個實體賣場與線上商店進行宣傳，並透過結算系統管理庫存與物流中心、中小盤商結帳與債權管理。

(2)音源物流

音源是由提供線上服務之服務公司締結相關販賣契約，簽約後之相關服務需要確實管理與具體檢證。正確提供專輯於線上服務之宣傳資料、各種宣傳活動。

(3)海外物流

管理海外販售之授權專輯，音源市場多半以行動裝置服務為主。

(4)iTunes、Youtube

以全球為對象之音樂販售平台有 Apple 之 iTunes 與 Google 的 Youtube，這類服務不僅可以販賣音源，更可以將之活用宣傳。

(5)唱片、音源宣傳設計與結算

音樂物流中，設計與結算，外人多半不知曉，但卻擔負重要的角色，因其設計之內容能夠直接影響消費者，也就是歌迷。在商業中擔任重要角色的結算，不單單是某一首歌曲能夠賣多少錢的數字，還有更高深的意義。

本章說明物流公司之中心業務流程，物流公司以專輯投資的方式協助經紀公司製作專輯，以簽約方式為經紀公司物流音樂、宣傳專輯，以及與服務公司簽約。物流公司亦會為增加銷售量而進行授權業務，以及販售給歌迷的MD商品之企畫與物流。下一章要看的是音樂中直接與消費者，也就是與歌迷接觸之服務公司。

08 / 音樂服務

抓住粉絲視線與消費之處

沒有音樂，人生就是失敗的。

——弗里德里希・尼采

（Friedrich Nietzsche）

1 收益分配的問題

各種輿論或是訪談中都能夠看到「物流公司賺取暴利，導致音樂權利人僅能分配到少數費用」的主張，甚至於還有「服務公司根本是賺取暴利」的說法，這都是真的嗎？

首先針對「物流公司賺取暴利」的說法用詞十分模糊，因為物流公司本身就屬於音樂權利人之一，我們前面提及音樂製作之經紀公司亦是著作鄰接權人之一，經紀公司將自身著作鄰接權中之複製、分配、傳輸權交由代理中介業者。也就是說，代理中介業者（物流公司）代替經紀公司執行物流與行使收取管理權費用，並扣除手續費之後分配給經紀公司。因此說物流公司賺取暴利，與說經紀公司賺取暴利是同樣的意思，而若深究這些話究竟是如何而來的，就會知道都是來自於誤解與擴大解釋。

二〇〇〇年初開始，開啟付費音源市場的重要關鍵為行動電話之來電答鈴與電話鈴聲。在此之前，因為非法下載盛行，付費購買音源的情況非常少見，而串流服務剛起步，技術上屬於尚未成熟階段，進而當時來電答鈴與電話鈴聲需要透過通訊公司（移動通訊公司）之設定與結帳系統方能使用，來電答鈴與電話鈴聲皆屬於當時新的服務，既存音樂物流市場未曾出現過的CP（提供Contents Provider（內容服務）、音樂之來電答鈴、可擷取調整之電話鈴聲之業者）登場的同時，權利人大致能夠分配[1]到約35%的費用。就權利人的立場來說，權利人分配比率較低，但是通訊公司的內容分配比率卻相對的高，加上收取之通訊費用、服務使用費用等收益[2]，也有認為「通訊公司在來電答鈴、電話鈴聲中獲取暴利」之主張，然而，因為通訊公司自律性的調整費率與CP角色萎縮，加上智慧型手機登場之關鍵因素，使得來電答鈴與電話鈴聲服務之使用率逐漸遞減，該問題點已逐漸消失。

但是，以來電答鈴、電話鈴聲為基準之通訊公司主導之線上音樂網站之佔有率逐步提高，也就是「通訊公司賺取暴利」的表現開始與「物流公司賺取暴利」混用，更正確的說法是「服務公司賺取暴利」。然而，二〇一三年三月十八日音樂著作權費用收取規則制定之後，以權利人為中心之分配結構確定，過往「服務公司賺取暴利」已不復存在，特別是權利人常掛在嘴上的 iTunes 之分配比率（權利人：服務公司＝七比三），在下載市場中，韓國也一體適用，串流市場亦比過往取得較高分配比率（權利人：服務公司＝六比四）。

到目前為止，過往通訊公司、物流公司或是服務公司能夠單方面獲得高收益的情形，已經有所改善。當然現況並非最佳狀態，往後對於音源價格正常化、提高權利人分配比率、音樂商品過度折扣等問題，仍須有進一步改善之必要。若能持續改善這些問題，商業音樂各種不同主題之音樂就能夠維持創作人的生計，亦能夠提供創作音樂之良好環境。

1 著作權人9％、表演權人4.5％、經紀公司（唱片製作人）20％。

2 智慧型手機登場以前，通訊費用會以各個通訊公司之通訊量為依據，支付高額之使用金額，來電答鈴、電話鈴聲的費用遠低於通訊費用。而使用該項服務時，除了內容費用外，尚需支付每個月九百至一千韓圜左右的月費。

2 音樂收費制度的功臣

過去以唱片市場為中心的年代，音樂販賣的費用比現今還要多，因為那是個沒有購買專輯就不可能聽到音樂的年代，因此，參與商業音樂的每一分子都能夠獲得適當之收益。然而網際網路發達與MP3登場之後，造就不需付費就能夠享受音樂的環境，不論著作權人或是歌手藝人再三呼籲不要使用非法下載，也沒有太大的用處，原先處處可見之販賣音樂的服務公司，僅能轉變成以販賣方便使用的線上音樂為主。

二〇一三年費用收取規則制定之前，大部分服務公司採行每月定額制度三千韓圜的方式提供串流服務，然而卻都處於虧損的狀態。當然會出現「誰訂出這個價格讓大家蒙受損失？」的反應，但是在不想花一個月三千韓圜，而寧願使用非法下載的人還是很多的情形下，確實無法提高收費標準，以一天一百韓圜計算，一個月三千韓圜可說是能收取之最低音樂使用費。

如今，付費聽音樂已經獲得社會共識，只是需要更多人認同並參與「音樂付費」，因此法律與制度化的規定亟須同時完成。可說是若當初沒有這些願意以低價提供音樂的服務公司，就不會有現今方便的音樂使用環境。

3 更具發展性的服務與分享價值

不僅是韓國，目前全球都遭遇「音樂取代唱片」、「串流取代下載」的巨大變化，然而這個變化有兩項具體指標，分別是「使用者方便」以及「權利人保護」，第一個方向「使用者方便」是一項無人強調，使用者也能自行執行，比起用CD聽音樂，MP3隨身聽或是智慧型手機聽取音樂更為方便，也讓使用者改變音樂鑑賞的方式。但是第二個方向「權利人保護」就顯得不易，因而相關法律與規定需要更詳細、更有智慧的制定與執行，讓消費者確實意識到「著作權保護」這個命題方向。

「使用者方便」與「權利人保護」兩項指標在過往是截然不同的兩面，非法下載MP3，對於使用者來說是最方便利用音樂的方法，權利人無法受到任何保護。再者，設定為DRM（Digital Right Management，特定裝置下方可播放之保護裝置）格式之音樂檔案雖然可以保護權利人，相對的卻對使用者造成困擾。

這個問題在服務公司之資訊通訊技術與服務發展之後，已充分獲得解決，而智慧型手機與串流服務，同時讓「使用者方便」與「權利人保護」不致對立，以「使用者方便」為基準，現代技術狀態來說，沒有比串流服務更好的模式。以「權利人保護」為基準，付費使用音樂是積極肯定的，然而音樂價格過於便宜以及分配比率尚有發展空間，為往後付費音樂著想，服務公司率先擴大商業音樂，並創造一個更具未來性的價格與分配比率。本章將探討的是最後一個階段，音樂傳遞給消費者，也就是傳遞給歌迷的最後階段之服務公司的角色，與音樂商品種類與分配比率，以及各服務的特徵。

4 實體賣場與唱片服務

唱片銷售逐漸下滑，既存唱片產業之中小盤商也急速萎縮中，更不用說購買唱片的地方僅剩實體大賣場、零售商店與網路商店、大型折扣超市。而今，實體賣場購買音樂的優點已然消失，也就是過往設置於賣場的試聽音箱，能夠讓消費者多方試聽、多方比較的優點。但是現今線上音樂網站可以試聽，再透過網路商店購買也能夠取得較多的優惠，以及免運費的服務直接送到家中，也是實體賣場萎縮之故。

5 音源服務

從歷史角度看音源服務，行動電話的登場讓音源市場做大。二〇〇〇年左右MP3登場與非法下載所帶動之P2P共享服務，讓唱片市場萎縮。緊接著，行動電話普及與來電答鈴、電話鈴聲服務也逐漸成為受人們喜愛的服務，合法的行動電話音源市場也逐漸成長。來電答鈴或電話鈴聲需要透過通訊公司結帳方可使用，音樂市場也為了來電答鈴與電話鈴聲製作適合的音樂，可以說行動電話帶動整體的技術發展，也深深的影響商業音樂，而往後，智慧型手機的普及，又一次將音樂使用的主流模式轉換為串流服務。

主要音源服務公司

目前提供音源服務的主要服務公司與服務名稱如下：

LOEN 娛樂：Melon (www.melon.com)

CJ E&M：Mnet (www.mnet.com)

KT music：OllehMusic (www.ollehmusic.com), Genie (www.genie.co.kr)

Neowiz Games：Bugs (www.bugs.co.kr)

oribada：oribada (www.soribada.com)

Naver：Navermusic (music.naver.com)

各音源服務之權利費用分析

音源服務可以區分為串流與下載兩種，而串流與下載各有幾項種類，二〇一三年三月十八日修正之費用收取規定，將音樂使用的結算方式變更為依據消費者使用多寡而定之計量制。即使消費者每個月固定付出一定的金額使用，服務公司仍是依據音樂使用之情況支付權利費用給予權利人。舉例來說，消費者每個月支付一定的金額即可無限使用該商品，而販賣公司則是給予製造工廠實際販賣量之費用，商業音樂的商品就是音樂、販賣公司就是服務公司、工廠就是經紀公司（或是代理中介業者，也就是物流公司）。

(1) 計量制串流

音源網站一回的串流費用以二〇一五年三月一日為基準會產生十四韓圜之費用。音源網站中，支援計量制串流服務的地方，每個月一百回的串流商品能夠產生一千四百韓圜。亦有不支援該服務的地方。一回串流需要支付著作權人著作權費用1.4韓圜（＝14韓圜×10％）、表演權費用〇・八四韓圜（＝14韓圜×6％）、管理權費用六・一六韓圜（＝14韓圜×44％）一回之總權利費用為八・四韓圜（＝一・四韓圜＋〇・八四韓圜＋六・一六韓圜）。也就是服務公司在五・六韓圜（＝14韓圜-8.4韓圜）的範圍內給付各種費用與收益。但是，在該項計量制串流服務使用者不多的情況下，整體音源的賣出比例就會較低，對於權利人來說，這是串流服務中最為有利的結算條件，對於服務公司而言反而是最不利的。

(2) 月定額制無限串流

一個月付一筆固定的金額即可無限使用串流服務，相較於計量制串流可獲得50％之優惠。因此，需要支付著作權人著作權費用0.7韓（＝1.4韓圜×50％）、表演權費用〇・四二韓圜（〇・八四韓圜×50％）、管理權費用三・〇八韓圜（＝六・一六韓圜×50％），一回之總權利費用為四・二韓圜（＝〇・七韓圜＋〇・四二韓圜＋三・〇八韓圜）。再者，不同權利別之音樂使用費率與管理費率之加成比較，取兩者較高價之權利費用給付。

(3) 計量制下載

下載一個MP3音樂檔案時，消費者給付七百韓圜。著作權費用是消費者價格10%之70韓圜（＝七百韓圜×10%）、表演權費用是消費者價格6%之42韓圜（＝七百韓圜×6%）、管理權費用則是三七八韓圜（＝七〇〇韓圜×54%），總計一首歌曲需要支付著作權人總權利費用為四九〇韓圜（＝七〇韓圜＋四二韓圜＋三七八韓圜）。

(4) 套裝下載

下載三十首以上之情況，較計量制下載的每曲單價可獲得50%之優惠[3]。假設下載了三十首歌曲，每首須給付著作權人包含著作權費用35韓圜（＝七〇韓圜×50%）、表演權費用21韓圜（＝42韓圜×50%）、管理費用一八九韓圜（＝三七八韓圜×50%），合計總權利費用為二四五韓圜（＝三五韓圜＋二一韓圜＋一八九韓圜）。

三十首至一百首之間，每增加一首就會多1%的優惠，假設下載一百首，會追加30%的優惠。因此，每首須給付著作權人之著作權費用二四．五韓圜（＝35韓圜×70%）、表演權費用

3 如同著作權一章節說明，套裝下載之情況，為消除年度差異以方便計算，採用2016年之每曲單價為基準計算。

十四・七韓圜（＝21韓圜×70％）、管理權費用一三三・三韓圜（＝一八九韓圜×70％），合計總權利費用為一七一・五韓圜（＝二四・五韓圜＋十四・七韓圜＋一三三・三韓圜）。

舉例說明，當選擇「MP3三十套裝下載」時，為每個月可以下載三十首之商品（每月九千韓圜）。萬一使用者僅下載十首（權利費用二四五〇韓圜），則剩下的二十首（六五五〇韓圜）無法於下個月分繼續使用（因不可遞延至下個月使用之故），就服務公司的立場來看，依然可以取得未使用之二十首的利得獲益。因而，套裝下載商品全數下載時的價格（權利費用七三五〇韓圜）可以略低。此外，相同的現象於時間制下載、組合商品也是一樣的。

(5)時間制下載

每月皆需要付費方可延長無限下載音樂檔案之服務，為套裝下載每曲單價之38％，下載三十首歌曲時，每首須給付著作權人之著作權費用十三・三韓圜（＝35韓圜×38％）、表演權費用七・九八韓圜（＝21韓圜×38％）、管理權費用七一・八二韓圜（＝一八九韓圜×38％），總權利費用為九一・一三韓圜（＝十三・三韓圜＋七・九八韓圜＋七一・八二韓圜）。

三十首至一百首之間，每增加一首就會多百分之一的優惠之故，假設下載一百首以上時，會追加30％的優惠。所以，每曲須給付著作權人之著作權費用九・三一韓圜（＝二四・五韓圜×70％）、表演權費用五・五八六韓圜（＝十四・七韓圜×70％）、管理權費用五〇・二七四韓圜（＝一三三・三韓圜×70％），總權利費用為六五・一七韓圜（＝九・三一韓圜＋五・五八六韓圓＋五〇・二七四韓圓）。

⑹組合商品（串流＋下載）

結合無限串流、套裝下載、時間制下載之使用，相較於無限串流使用費用多享有50%的優惠。就消費者的立場而言，是花費最便宜卻能同時使用串流與下載的商品，就服務公司的立場來看，串流的每曲單價最便宜、下載又會有利得獲益，堪稱最有利的商品。但是以權利人的立場來看，優惠過多會導致每曲單價下降，是為缺點。

例一，無限串流＋「套裝下載ＭＰ３３０」之情況。

原本無限串流使用費用加上50%之優惠，著作權費用〇・三五韓圓（＝0.7韓圓×50%）、表演權費用〇・二一韓圓（＝〇・四二韓圓×50%）、管理權費用一・五四韓圓（＝三・〇八韓圓×50%），每曲須支付著作權人之總權利費用為二・一韓圓（＝〇・三五韓圓＋〇・二一韓圓＋一・五四韓圓）。

以及「套裝下載ＭＰ３３０」之情況，著作權費用35韓圓（＝70韓圓×50%）、表演權費用21韓圓（＝42韓圓×50%）、管理權費用一八九韓圓（＝三七八韓圓×50%），每曲須支付著作權人之總權利費用為二四五韓圓（＝三五韓圓＋二一韓圓＋一八九韓圓）。

例二，無限串流＋時間制下載服務一百首以上之情況。

原本無限串流使用費用加上50%之優惠，著作權費用〇・三五韓圓（＝0.7韓圓×50%）、

表演權費用〇・二一韓圜（＝〇・四二韓圜×50％）、管理權費用一・五四韓圜（＝三・〇八韓圜×50％），每曲須支付著作權人之總權利費用為二・一韓圜（＝〇・三五韓圜＋〇・二一韓圜＋一・五四韓圜）。

以及時間制下載服務一百首以上之情況，著作權費用九・三一韓圜（＝二四・五韓圜×38％）、表演權費用五・五八六韓圜（＝十四・七韓圜×38％）、管理權費用五〇・二七四韓圜（＝一三二・三韓圜×38％），每曲須支付著作權人之總權利費用為六五・一七韓圜（＝九・三一韓圜＋五・五八六韓圜＋五〇・二七四韓圜）。

(7)各服務別權利費用簡要說明

追加優惠的方式，會讓人無法掌握價格下探到何處。從下表〈表8-1〉之比較中，可以看見各服務別權利費用之高低。

(8)服務公司各商品別消費者價格比較

〈表8-2〉與〈表8-3〉分別整理各個服務公司音樂商品之內容（2015.2.20基準）：

▶各音源服務公司之特徵

各個服務公司所提供之音樂服務，對於消費者而言並無太大差異，不論使用哪一個音樂網

（不含稅）

主體商品	著作權費用	表演權人	管理權費用	總權利費用	消費者價格	消費者價格～權利費用
個別曲目下載 MP3320K	每曲 70 韓圜（10%）	每曲 42 韓圜（6%）	每曲 378 韓圜（54%）	每曲 490 韓圜	700 韓圜／曲	210 韓圜
套裝下載 MP330	每曲 35 韓圜（＝70 韓圜 ×50%）30 首 1050 韓圜	每曲 21 韓圜（＝42 韓圜 ×50%）30 首 630 韓圜	每曲 189 韓圜（＝378 韓圜 ×50%）30 首 5670 韓圜	每曲 245 韓圜 30 首 7350 韓圜	9000 韓圜／月	1650 韓圜
套裝下載 MP3100	每曲 24.5 韓圜（＝35 韓圜 ×70%）100 首 2450 韓圜	每曲 14.7 韓圜（＝27 韓圜 ×50%）100 首 1470 韓圜	每曲 132.2 韓圜（＝189 韓圜×70%）100 首 13230 韓圜	每曲 171.5 韓圜 100 首 17150 韓圜	20000 韓圜／月	2850 韓圜
限制串流 100 回	每回 1.4 韓圜（＝14 韓圜 ×10%）100 回 140 韓圜	每回 0.84 韓圜（＝14 韓圜 ×6%）100 回 84 韓圜	每回 6.16 韓圜（＝14 韓圜 ×44%）100 回 616 韓圜	每回 8.4 韓圜 100 回 840 韓圜	1400 韓圜／月	560 韓圜
無限串流（手機＋PC）	每回 0.7 韓圜（＝1.4 韓圜 ×50%）1000 回 700 韓圜	每回 0.42 韓圜（＝0.84韓圜 ×50%）1000 回 420 韓圜	每回 3.08 韓圜（＝6.16 韓圜 ×50%）1000 回 3080 韓圜	每回 4.2 韓圜 1000回 4200 韓圜	8,000 韓圜/月	3800 韓圜

主體商品	著作權費用	表演權人	管理權費用	總權利費用	消費者價格	消費者價格～權利費用
組合商品（套裝MP330+無限串流）	每曲 35 韓圜（＝70 韓圜×50%）30 首 1050 韓圜每回 0.35 韓圜（＝0.7 韓圜×50%）1000 回 350 韓圜	每曲 21 韓圜（＝42 韓圜×50%）30 首 630 韓圜每回 0.21 韓圜（＝0.42 韓圜×50%）1000 回 210 韓圜	每曲 189 韓圜（＝378 韓圜×50%）30 首 5670 韓圜每回 1.54 韓圜（＝3.08 韓圜×50%）1000 回 1540 韓圜	每曲 245 韓圜 30 首 7350 韓圜每回 2.1 韓圜 1000 回 2100 韓圜	13000 韓圜/月	3550 韓圜
組合商品（時間制 100 首下載＋無限串流）	每曲 9.31 韓圜（＝24.5 韓圜×38%）100 首 931 韓圜每回 0.53 韓圜（＝0.7 韓圜×50%）1000 回 350 韓圜	每曲 5.586 韓圜（＝14.7 韓圜×38%）100 首 342 韓圜每回 0.21 韓圜（＝0.42 韓圜×50%）1000 回 210 韓圜	每曲 50.274 韓圜（＝132.3 韓圜×38%）100 首 5027.4 韓圜每回 1.54 韓圜（＝3.08 韓圜×50%）1000 回 1540 韓圜	每曲 65.17 韓圜 100 首 6517 韓圜每回 2.1 韓圜 1000 回 21000 韓圜	10000 韓圜/月	1383 韓圜

• 說明：假設無限串流每月平均 1,000 回

表 8-1 各服務別權利費用比較

（未含稅）

服務	Melon	Mnet	Ollehmusic	Genie
每曲下載 MP3 320K	700 韓圜/曲	700 韓圜/曲	700 韓圜/曲	700 韓圜/曲
每曲下載高音質	900～1000 韓圜/曲	900～1800 韓圜/曲	-	-
套裝下載 MP3 30	9000 韓圜/月	9000 韓圜/月	7000 韓圜/月	6000 韓圜/月
套裝下載 MP3 100	20000 韓圜/月	20000 韓圜/月	18000 韓圜/月	18000 韓圜/月
限制串流 100 回	1400 韓圜/月	1800 韓圜/月	-	-
無限串流（手機＋PC）	8000 韓圜/月	8000 韓圜/月	6000 韓圜/月	6000 韓圜/月
組合商品（套裝MP3 30＋無限串流）	13000 韓圜/月	11000 韓圜/月	11000 韓圜/月	9000 韓圜/月
組合商品（時間制下載＋無限串流）	10000 韓圜/月	10000 韓圜/月	9000 韓圜/月	7000 韓圜/月

表 8-2 服務公司商品類別 消費者價格比較（1）

（未含稅）

服務	Bugs	Soribada	Navermusic
每曲下載 MP3 320K	700 韓圜/曲	700 韓圜/曲	700 韓圜/曲
每曲下載高音質(FLAC、MAQ、CDQ 等)	900 韓圜/曲	-	1800 韓圜/曲
套裝下載 MP3 30	9000 韓圜/月	9000 韓圜/月	8500 韓圜/月
套裝下載 MP3 100	2000 韓圜/月	2000 韓圜/月	9500 韓圜/月
限制串流 100 回	-	-	-
無限串流（手機＋PC）	8000 韓圜/月	8000 韓圜/月	7500 韓圜/月
組合商品（套裝MP3 30＋無限串流）	11000 韓圜/月	11000 韓圜/月	-
組合商品（時間制下載＋無限串流）	10000 韓圜/月	-	-

表 8-3 服務公司商品類別 消費者價格比較（2）

站，都可以聽到相同的音樂種類與數量，以及差異不大的音質效果。付費音樂服務開啟之二〇〇〇年初，每間音樂網站都有其獨佔之音源，目的為提高消費者之忠誠度。舉例來說，甲音樂服務公司獨家提供A歌手藝人發行之專輯音樂服務一週，此一情況下，消費者若不使用甲音樂服務公司時，則會於一週間無法聽到A歌手藝人的專輯音樂。也就是甲音樂服務公司對於A專輯擁有一定期間之獨佔權利，因而達到消費者不會轉往其他音樂服務網站之效果[4]。同樣的，其他乙、丙、丁音樂服務公司也是採用同樣的方式獨佔音樂市場之供應，從結果來看，消費者為了想聽到最新的音樂，會使用所有的服務公司之服務。因此，為解決這個問題，取消了個別服務公司獨佔音樂發行，目前各個服務公司很難出現差異化之服務。現今為了吸引消費者，會採取與通訊公司合作的優惠服務，或是追加提供內容、追加優惠[5]等，接著來檢視各家服務公司之情況。

(1) Melon (www.melon.com)

與SKT通訊公司合作，提供該通訊公司會員以會員點數的方式取得七折的優惠（可連續三回）。就消費者的立場來看，以會員點數的方式取得七折優惠，而Melon確定能從STK獲得保障，也能夠結算給予權利人。也就是從權利人的立場來看，不論是否有優惠活動，皆能收取其所能獲得之權利費用。

再者，Melon分析音樂服務使用者之特徵後，與Darakwon（다락원）、Edubox（에듀박

스）、EBS、Pagoda（파고다）、Winglish（윈글리쉬）等語言補習班合作提供語言學習服務。透過這個服務，讓Melon的事業領域從音樂服務擴展至語言學習服務，同時也提升使用者之忠誠度，不僅開設兩百多堂英語課程還有第二外國語的課程，且以每個月更新一次之方式，讓語言學習內容的質與量皆達一定水準。

(2)Mnet (www.mnet.com)

最大的特徵是成為付費會員後，不僅可以收看音樂放送頻道Mnet，亦可收看其他放送內容。Mnet提供定期會員客戶「無限音樂鑑賞」，每月提供tving[6]服務的一個月「有線頻道無限使用券」一張。也就是說，消費者不僅可以獲得音樂鑑賞服務，還可以免費使用地上波與有線電視重複收看之服務。但該音樂商品之結算不變，該放送內容之結算亦另外結算。而且，與通訊公司LGU+合作，提供購買HD串流免費使用券時，不需要給付費用即可獲得該商品。

4 稱為Lock-in效果，只要購買一次，不論那個商品好或不好，都會繼續使用該產品之現象。

5 雖然提供消費者價格上之優惠，但對權利人而言結算金額不算，依舊能獲得原本應取得之費用。舉例來說，消費者以六折的價格六千韓圓購買一萬韓圓之商品時，權利人依舊可以獲得一萬韓圓之權利費用。而優惠之四千韓圓則是由服務公司吸收，計入該公司行銷費用。

6 譯註：www.tving.com

(3) OllehMusic (www.ollehmusic.com), Genie (www.genie.co.kr)

KT music 營運之 OllehMusic 與 Genie，OllehMusic 採行與 GS&POINT 合作之模式，使用點數可以獲得50%之優惠。Genie 則是與通訊公司KT合作，費用之50%可以使用點數折抵（可連續三回）。

再者，Genie 是韓國音源網站中，最先提供「Genie EDM（Electronic Dance Music）」之服務，並收集現今最火紅的百首電子舞曲做成排行榜，與韓國國內明星DJ合作，對於EDM內容生產以及物流產業有一定的貢獻，可說是特別的服務。

(4) Bugs (www.bugs.co.kr)

Bugs 與SKT合作，當消費者使用串流音樂服務時，不會產生任何傳輸量費用。再者，時常舉辦50%以上之三個月的優惠活動——不限制通訊公司亦不用扣除點數。其音樂服務之歷史長久，能夠提供之音樂種類多元，曲目相對有較多之優點。

(5) Soribada (www.soribada.com)

與 Bugs 一樣，是屬於較有歷史之音樂服務，時常舉辦50%以上之六個月的優惠活動——不限制通訊公司亦不用扣除點數。

(6)Navermusic (music.naver.com)

Navermusic 保留一般網站之優點，目前態勢看好。能夠舉辦音樂鑑賞會等實體活動，亦能夠提供使用者音源服務、廣播服務等不同層面之服務。

(7) Youtube (youtube.com)

Youtube 是全球提供影片服務最大的網站。任何人，不論其母語為何，皆能夠免費上傳影片，而 Youtube 所持有之音樂比例卻也不低。過往經紀公司或是物流公司會採用 Youtube 宣傳之方式，目前是 Youtube 獲益來源之一。

Youtube 成功的理由歸類有四點：

a.使用者自動參與。

b.可一般常使用之影片格式 avi、mov、mpg，上傳之檔案會自動轉檔成 Flash 格式，使用者不需要下載任何檔案即可收看影片。讓擁有影片之權利人能夠輕易上傳。

c.公開的影片位址與 HTML 能夠複製，使用者不需要具有特別知識即可快速傳遞該影片。

d.就廣告主的立場來看，影片檔案上傳不需要託管費用，透過 Google 的網絡就能夠讓全球的人都看到。透過重複點閱影片之比率（Play-Back Rate）進而移往其網站之移動比

率（Click-through Rates to Desti- nation Site）。分析停留於廣告之時間以及廣告效果，相較於一般廣告，效果更好。

(8) iTunes

蘋果所營運之音樂管理之應用程式，透過蘋果之 iTunes Store 購買音樂。蘋果的行動裝置 iPod、iPhone、iPad 皆可同步使用，而此處係指線上音樂商店而言。

既有之K-POP在海外的販售平台不多，前述 Youtube 的散播途徑出現之前，iTunes 是唯一合法的K-POP購買平台。因美國、日本、英國等各國皆有其 iTunes Store，可以使用該國貨幣購買之故。

物流公司以及經紀公司可以直接於 iTunes 管理網站（https://itunesconnect.apple.com）登錄內容，亦可確認銷售現況。只是目前韓國並沒有 iTunes Store。

因而，目前僅透過他國的市場販售K-POP。〈圖 8-2〉就是〈江南 style〉在美國 iTunes 市場之檢索畫面，美國市場每首歌曲販售價格為一．二十美元（約一四〇〇韓圜，一美元＝一一〇〇韓圜為基準）。

目前韓國尚未開啟 iTunes Store 的原因有很多，其中物流環境與價格政策不符合是最大的理由。韓國下載市場非常小，一首歌曲之下載也僅需六百韓圜，連美國的一半都不到。不僅個

圖 8-1 韓國 iTunes Store

Showing results for “강남스타일”

Songs　　See All >

	NAME	ARTIST	ALBUM	TIME	POPULARITY	PRICE
1	Gangnam Style (강남스타일)	PSY	Gangnam Style (강남스타일) - Single	3:39		$1.29
2	Gangnam Style (강남스타일) [feat. 2 Chainz &...	PSY	Gangnam Style (강남스타일) [Remix Styl...	3:25		$1.29
3	Gangnan Style (강남스타일 - The Horse Riding Dance)	Gamgam Dance Dj	Dance Now! 20 Hits	3:38		$0.99
4	Gangnam Style (강남스타일) [Afrojack Remix]	PSY	Gangnam Style (강남스타일) [Remix Styl...	6:05		$1.29
5	Gangnam Style (강남스타일) [Diplo Remix]...	PSY	Gangnam Style (강남스타일) [Remix Styl...	3:27		$1.29
6	Gangnam Style (강남스타일) [Instrumental]	PSY	Gangnam Style (강남스타일) [Remix Styl...	3:40		$1.29
7	Xn4 (147. 4 Radio Edit)	Gangnamstyle	Xn4a - Single	3:54		$0.99
8	Gangnam Style (강남스타일) [feat. 2 Chainz & Tyga]...	PSY	Gangnam Style (강남스타일) [Remix Styl...	3:25		$1.29
9	Xcv (dx Long Version)	Gangnamstyle	Yesterday	7:33		$0.99
	Xn4 (147. 4 Long Version)	Gangnamstyle	Xn4a - Single	7:48		$0.99

圖 8-2 美國 iTunes Store 中檢索「江南 style」之結果

別歌曲下載是這樣，套裝下載或是組合商品，每首下載歌曲亦僅需一百韓圜，相較於其他國家之 iTunes Store 價格差異過大。〈圖 8-3〉從日本 iTunes Store 來看，差異就更明顯。

〈江南 style〉以每首二五〇日幣（約二三〇〇韓幣，一百日幣＝九三一韓圜為基準）販售，日本的音樂市場權利人與服務公司之間對於音源下載有其市場規則，其價格亦為標準價格。

韓國的經紀公司與物流公司以全球為銷售對象，提供K-POP合法音樂下載，所以會搭配韓國專輯發行日同時於 iTunes 提供服務。iTunes 香港或是台灣皆有將K-POP獨立出來設置排行榜，排行榜前幾名之歌曲會被列入「iTunes K-POP 排行第一名達標」並可作為宣傳之用。下圖是 iTunes 香港之畫面。

iTunes 為全球音樂市場最具代表性之下載市場，至目前為止，主導全球付費音樂市場。但由於技術發達，透過行動裝置可以用更便宜的價錢獲得音樂鑑賞之可能，因而主導權轉變成串流，導致音樂下載市場處於停止狀態，於可見的未來亦難有舒緩的可能。因而蘋果購併全球串連服務 beatsmusic（http://www. beatsmusic.com），往後可期待 iTunes 之變化。

강남스타일 の検索結果を表示します。

ソング　　全て見る >

	タイトル	アーティスト	アルバム	時間	人気	価格
1	Gangnam Style (강남스타일)	PSY	Gangnam Style (강남스타일) - Single	3:39		¥250
2	Gangnam Style (강남스타일)	PSY	Gangnam Style (강남스타일) - Single	3:39		¥250
3	Yesterday	강남스타일	Yesterday	3:59		¥200
4	Play 2 (Long Version)	강남스타일	Yesterday	7:31		¥200
5	Yesterday (-2 Slow Long...	강남스타일	Yesterday	8:15		¥200
6	Play	강남스타일	Yesterday	3:45		¥200
7	Yesterday (Long Version)	강남스타일	Yesterday	7:58		¥200
8	Play 2	강남스타일	Yesterday	3:45		¥200
9	Xcv. (ds Long Version)	강남스타일	Yesterday	7:33		¥200
10	Yesterday (XN Version)	강남스타일	Yesterday	4:08		¥200

アルバム　　全て見る >

圖 8-3　日本 iTunes Store 中檢索〈江南 style〉之結果

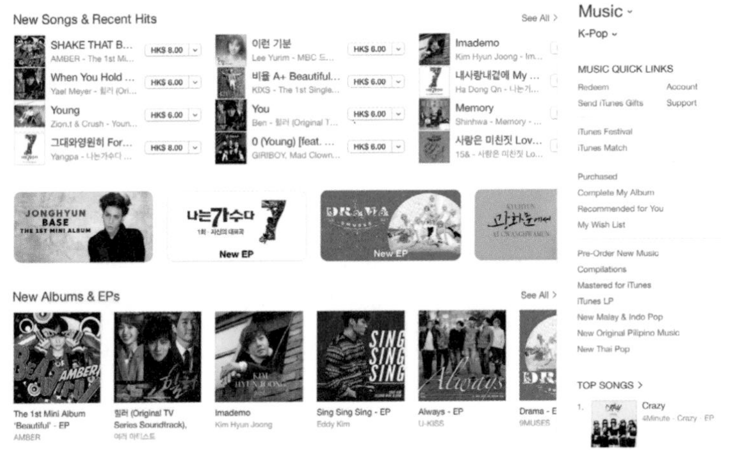

圖 8-4　iTunes Store 香港主頁畫面

(9)iTunes Radio

iTunes 在變化莫測的環境中，於二〇一三年九月開啟 iTunes Radio 服務。目前趨勢為下載市場萎縮，免費網路廣播服務漸漸抓住消費者的心，其使用者日益增加。而為因應這個變化，蘋果已透過 iTunes store 之分析推出 iTunes Radio。平均來說，每五首歌曲會出現一回聲音或是影片廣告，與一般廣播進行方式雷同，iTunes 中目前有許多廣播頻道，可以選擇自己想要聽的音樂頻道。

而分析個人所持有之音樂以及其喜好，可以提供符合個人喜歡聽之音樂，使用蘋果的 iTuneMatch 服務，因為可以跳過廣告的關係，所以蘋果iOS的用戶可以輕鬆方便的聽取音樂，是為其優點。再者，透過 iTunes Radio 聽到喜歡的音樂亦可以馬上從 iTunes

圖 8-5 iTunes Radio 服務畫面

購買，不僅能夠即時符合使用者的喜好，更能讓消費者購買更多樣的歌曲。

雖然無法選擇喜愛的歌曲以串流的方式收聽，但可以檢索並收聽以喜愛歌手為主之頻道。只是該頻道可能也會出現其他歌手之音樂。iTunes Radio 會持續推薦與選擇之歌曲類似之歌曲，以權利人的立場來看，從蘋果端獲取廣告收益，也能夠達到宣傳歌曲之效果。

收益分配部分，蘋果支付權利人每播放一次歌曲〇・一三美分（約一・四四韓圜）以及廣告收益之15％，第二年開始往上調整為〇・一四美分、19％[7]。對於權利人而言，雖收費便宜卻是付費制的結算，對於使用者而言，雖為免費收聽，卻能夠引導使用者購買音樂服務，可說深受權利人喜愛。

⑽spotify（spotify.com）

全球最大的音樂串流服務，目前擁有超過四千名會員（二〇一四年五月為基準）。其服務可以區分為收看廣告後免費使用之 Freemium 服務，以及每月付九・九美金即可無廣告、無限使用串流 Premium 服務。

收聽廣告之情況，是採行由廣告端收取費用，將其收益分配給權利人之方式，收費服務則

---

7 Hannah Karp and Jessica E. Lessin. "Apple Spells Out iTunes Radio Terms." *The Wall Street Journal*, http://blogs.wsj.com/digits/2013/06/26/apple-spells-out-itunes- radio-terms-for-record-labels

是與權利人以三比七（spotify：權利人）的方式分配。考慮在美國 iTunes 每下載一首歌曲為一．二九美金（約一四〇〇韓圜，一美元＝一一〇〇韓圜為基準）時，每月九．九美金（約一〇八九〇韓圜，一美元＝一一〇〇韓圜為基準）之費用是相當便宜的價格。

假設與韓國一樣採行每個月一千回串流，一回的串流費用約為一〇．八九韓圜（＝一〇八九〇／一千回）。而韓國現況為扣除各種優惠之後，一回串流僅為三韓圜。可見 spotify 的串流服務價格為韓國的三倍之多，也就是比起其下載雖便宜許多，卻依然比韓國的串流價格高，對於權利人而言是較佳的串流服務價格。

只是在韓國市場，屬於高價位的 spotify，難以引起韓國消費者之興趣，卻又不能因此調降費用，深怕他國 spotify 使用者改用韓國帳號，進而導致價格費用崩壞。但是，站在韓國權利人，立場來說，spotify 能收取音樂權利費用較高，所以沒有不用 spotify 的理由。

外國歌手中卻也有音樂串流價格較下載低，而不使用 spotify 音樂服務之情況，代表性歌手藝人為美國的泰勒絲（Talyor Swift）。Spotify 則是主張為減少非法複製與下載，要讓更多人付費收聽音樂並與權利人平分收益，而持續擴大其服務領域。

⑾網路廣播服務

以二〇一四年為基準，推定目前韓國使用付費服務人數為六百萬名。雖然不是以每月定額的方式收聽廣播，但可預測有許多透過廣播收聽音樂之潛在型的輕度使用者（light user）。衛星頻道中，反而是沒有DJ、僅有音樂之「SKY頻道」更受歡迎。有DJ說故事時，人們較無法集中於歌曲本身，因而對於沒有「對話」的音樂節目更加喜愛。再者，相對來說，使用較低廉的著作權費用（放送與傳送之著作權費用差異）也有助於網路廣播之音樂服務的發展。

Pandora（www. Pandora,com）是以美國為中心，二〇一三年為基準，使用者人數為兩億名之全球最大網路廣播音樂服務。目前其服務尚未於韓國開啟，但於國外已經是智慧型手機必備應用程式之一。

三星電子於二〇一四年開設之「Milkmusic」亦於短時間內招募許多會員，特別是使用三星電子之智慧型手機之人可以免費收聽音樂，被評價為與蘋果 iPhone 相當之服務方式。BEAT公司所開設之「BEAT」，也是以類似方式進行之廣播音樂服務，使用者人數亦有逐漸增加之情況。

音樂服務主要業務

在商業音樂中，服務公司相較於經紀公司與物流公司而言，數量較少。然而，音樂服務公司平均人力配置卻是其中最多的，其為了穩定經營擁有數百萬名使用者之音樂服務，企畫服務之企畫人員、網站開發人員、設計師等皆屬必要之人力。

(1) 音樂網站企畫、開發、設計

音樂網站是使用者消費聽音樂的地方，也就是網站企畫人員要從便利的UI（User Interface：使用者角度）角度出發，讓使用者方便購買、結帳、聽音樂。開發者要盡速提供使用者想聽的音樂，設計師需要設計出使用者喜歡使用且具有美感之網站。而其中最重要的是開發者，在多樣產品皆須結合結算的特性下，需要有經驗的開發者，而這類人力相對難以尋找。

(2)音源後設數據（metadata）輸入與結算

從物流公司一章節得知，與線上音樂服務一樣，音源資料與後設數據（metadata）輸入之方式，有直接於服務公司系統上傳之方法，以及與物流公司系統連線之方法。不論使用哪種方式，皆需正確輸入音樂後設數據（metadata）並再三確認後方能提供好的音樂服務。

而該曲目之物流公司、經紀公司之資訊以及契約費率，皆需輸入以備權利人結算作業。因為所有服務皆是以輸入內容為基準結算之故。再者，服務公司之相關負責人需與物流公司、經紀公司負責人合作，持續提供監控、結算服務。

(3)他音樂網站之標竿管理[8]與創新設服務企畫

每一間音樂服務公司皆需持續以標竿管理與創新企畫，以提供嶄新的服務為目標。在這個急速變化的市場環境中，若不時時更新服務就會缺乏競爭力。Melon 於二〇一四年開設藝人直接上傳內容之「藝人＋」的項目，讓歌迷與歌手藝人透過「D to F（Direct to Fan：面對歌迷）」

這個項目近距離接觸。Mnet.com則是與音樂頻道Mnet攜手，將歌手藝人之公演以多角度的方式，也就是「多鏡頭模式」服務歌迷，獲得歌迷之喜愛。這樣嶄新的模式讓消費者願意花錢使用該項服務。

其他議題

⑴高音質音源服務

一般所提供之MP3音樂檔案最大傳送率為320kbpt。但是要求使用更好音質之高音質（High End）使用者越來越多，在高音質音樂檔案普及化的情況下，服務公司已開始採用FLAC（Free Lossless Audio Codec）或是mastering HD音源服務方式。下載價格比一般MP3檔案之六百韓圜還高，約為九百到二千韓圜之間，從音樂服務多樣化的角度來看，是個值得讚許的現象。往後服務公司亦能夠朝繼續提供讓消費者願意掏出錢的多樣服務邁進。

⑵賣場音樂服務

業主與提供賣場音樂服務之業者締約合作，並依據賣場規模給付音樂使用費用。而賣場音

8 比較、分析自家與其他企業之產品或是組織特性，並學習該企業優點之意。

樂服務依據行業別，不時會有誇大廣告將其沒有持有之音源服務包含在內，或是搞不清楚傳輸與數位音源傳輸之差別，因此業主有必要積極確認。

傳輸與數位音源傳輸兩者最大的差異就是可否選擇「下一首」。傳輸的情況，可以選多首歌曲收聽，而數位音源傳輸則是像已經決定曲目之廣播一般，不能選擇歌曲收聽。再者，傳輸是經由著作權協會與音樂表演人聯合會以及各個著作鄰接權人事前許可，而數位音源傳輸則是僅需著作權協會與音樂表演人聯合會許可，並於事後給予著作鄰接權人相關補償費用即可。

而正因如此，僅獲得權利人於數位音源傳輸之許可時，若用於傳輸上就屬於違反著作權法。讓使用賣場音樂之店家誤以為已支付費用可合法使用，但卻因為使用非法服務而必須繳納巨額罰金，這點是需要特別注意的情況。當此一賣場音樂服務因為韓國音樂著作權協會、韓國唱片產業協會、韓國音樂表演人聯合會與海外音樂公司，而被提起「違反著作權法」進而收到簡略式（簡易）起訴（處分日期：2015.01.09），該網站會發布已獲得著作權團體之許可並無任何問題的公告，但實際上卻剛好公開其正在使用的其他服務[9]。

(3)音樂網站分配比率

服務公司會將消費者支付之金額中的60%～70%分配於權利人，並留下剩餘之30%～40%。由於物流公司與服務公司之使用契約，以及經紀公司與物流公司之物流契約，會訂有具體的費率，因此這裡採用平均費率來探討，也就是假設串流費用是權利人與服務公司六比四、串流用費為七比三（權利人：服務公司），而經紀公司與物流公司之物流手續費假設為20%時，能夠獲得下列分配比率。

服務公司於串流與下載之分配比率之所以會有差異，是因為串流服務需要花較多費用在維繫伺服器與網絡之故。也就是服務公司需要支出建造服務平台、平台維修、經營管理系統、建構音樂網站、服務企畫與營運、DB設計與營運、音樂檔案編解碼器（Codec）與建構DRM系統、網絡以及其維修之費用。

主題	著作權人	表演全人	經紀公司	物流公司	服務公司	消費者
類別	作詞、作曲、編曲	演唱、演奏	製作	投資、物流	串流、下載	音樂鑑賞
串流分配率	10%	6%	35.2%	8.8%	40%	100%
下載分配率	10%	6%	43.2%	10.8%	30%	100%

表 8-4 對比消費者支付之價格之串流、下載分配率

6 整理歸納

1. 過去，收益分配部分的問題，如今K-POP商業音樂已經漸漸改善分配比率。在非法下載服務蔓延的情況下，服務公司為推動音樂付費制度之一等功臣。

9 音樂表演人聯合會（2015.01.23）、音樂著作權三團體、賣場音樂服務違反著作權之簡易起訴處分。音樂表演人聯合會部落格：http://blog.naver.com/fkmp88/220249525330

2.實體賣場的賣場音樂服務會引起幾項法律問題，尚需尋求這類問題之解決之道。

3.各個主要音源服務公司：

LOEN 娛樂：Melon（www.melon.com）

CJ E&M：Mnet（www.mnet.com）

KT music：OllehMusic（www.ollehmusic.com），Genie（www.genie.co.kr）

Neowiz Games：Bugs（www.bugs.co.kr）

Soribada：Soribada（www.soribada.com）

Naver：Navermusic（music.naver.com）

各個服務公司都有其不同的幾項特點，不同的服務公司都有計畫人員、開發人員、設計師等等人力，音樂服務公司家數雖然最少，但在每個公司服務的人力卻是最多的。

本章針對音樂服務公司之內容進行探討，下一章就是本書的最後一章，將以「K-POP商業音樂之未來」探討K-POP成功的關鍵與往後期待政府所為之政策。

結論

K-POP 音樂產業的未來

當準備和際遇兼具，好運才會發生。

——塞內卡
（Seneca）

到目前為止，我們一一檢視K-POP商業音樂價值鏈（value chain）的每一個環節。所謂價值鏈（value chain），係指理解產業之產品或是服務中，從發想階段開始、研究開發、生產、販賣，最終送達消費者手中，而此一過程中的每個階段都屬於價值鏈的一部分。本書以K-POP商業音樂為主要觀點，分析各個階段的基本架構、每一項目是如何進行，想要成功的話，要注重哪些策略環節等實務面向。最後以探討K-POP成功的因素，並對於將來K-POP商業音樂還需要注意些什麼部分作為本書之收尾。

—1— 過去K-POP成功的因素[1]

K-POP成功的因素有許多，大致上可以整理為以下幾個理由。

跨越文化之融合力

K-POP對於打入日本、中國等文化相近的亞洲市場較容易，但是對於西方市場卻因為文化的高牆而無法進入。K-POP採用韓國音樂特性，加上一點點深受英國與美國人喜愛的音樂風格，藉以消除與克服文化上的差異。

專業培養偶像明星之系統

大型經紀公司發掘偶像歌手，並提供一系列有系統的教育課程，偶像團體需要接受專業教育，以具備專業的音樂能力以及成為明星的資質（外貌、流行認知能力等）。所有偶像明星皆是從練習生做起，從內部激烈競爭中脫穎而出，出道進而走進娛樂產業，演出各項綜藝節目、連續劇。這個明星培育系統培育出具有實力與魅力的偶像明星，也是主導K-POP走紅的主要關鍵。

善用社群網絡與全球網絡

海外能夠接觸到K-POP的途徑為Youtube與優酷（www.youku.com）等提供影片的網站。如果沒有這些網際網路服務，K-POP也不可能在短時間內走進世界的舞台。

提升KOREA國家形象

一九八八年漢城[2]奧運之後，韓國快速蓬勃發展，三星、現代等大企業的半導體、電子產品、汽車等大量出口，使得「made in Korea」的良好形象受到世界矚目，這也是K-POP能

1 鄭泰秀（2010），偶像團體引領的新韓流時代。SERI經營筆記七六號。

2 譯註：原文使用首爾奧運，但考慮國人比較常用、常聽到一九八八年漢城奧運一詞，因此於本譯文採用「漢城奧運」。

夠成功的因素之一。雖然不見得經濟發展良好的國家之音樂就一定比其他國家優秀，但是文化上「經得起長久考驗」的選擇基準也是重要的關鍵之一，國家發展確實能夠帶動人們對於K-POP的興趣，是我們無法忽略的一環。

2 政府補助政策提案與產業環境調和

從歷史上看，K-POP獲得從未有過的人氣巔峰，當然希望更多人喜歡K-POP，也希望人氣能夠更旺盛。因此更需要打入海外市場之策略，以及國家能夠更有效率的提供商業音樂相關政策支援。

補助K-POP走入國際

(1)口譯、筆譯補助

歌手藝人以韓文寫成的K-POP歌曲，並不需要全部都改寫成當地語言並演唱之，因為當地歌迷可能會更喜歡韓文原文的K-POP音樂。但是歌詞的意義需要透過字幕以當地語言呈現，歌手藝人的相關消息也需要以當地語言進行宣傳活動才能有助於宣傳效果。目前除了少數大型經紀公司外，皆沒有專業的翻譯人員，而即使是大型經紀公司也陷於市場規模，僅有英文、中文、日語翻譯人員，其他各國語言之翻譯人才亦難以尋覓。有時經紀公司會採用當地狂熱歌迷中翻譯能力卓越之人才，委以翻譯之責，也是最符合實情的方式，但是無法提供長久之服務。因此，翻譯人才需要從政策面給予支援，讓K-POP的人氣能夠長長久久，同時也能夠擴大韓國文化與產品之認知度，以達到經濟面、社會面的正面影響效應。

(2) 提供當地資訊

音樂製作與出口雖是經紀公司與物流公司之分內事，但是政府依舊需要提供積極的支援政策。協助韓國產品出口之重要角色為韓國在各國設立之KOTRA（對韓貿易投資振興公社Korea Trade-Investment Promotion Agency）分部。當然目前KOTRA也是有協助K-POP相關支援，但是KOTRA主軸是貿易產品，貿易負責人對於文化內容產業並不熟悉，故對於文化內容產業的支援有其限制。

而支援海外內容之韓國內容振興院，也僅在美國、中國、日本、歐洲等地有分布，人力稀少。再者，音樂僅是內容的一部分，難以獲得充足的支援。應從充實人力開始，進而做到提供當地資訊，讓經紀公司與物流公司活用相關資訊，以期安全有效率的傳遞擴散K-POP。

(3) 當地與韓國企業之合作

當各國企業之行銷欲與K-POP合作時，與韓國當地經紀公司於聯繫推動行銷方案上並

不容易。經紀公司就算收到外國業者合作之提案，也會因為無資訊可供經紀公司判斷可行性而錯失合作之機會。而一般多會透過代理公司促成合作，但是大部分的代理公司規模小，因而不能忽略其可能產生之風險性。因此若能由政策支援當地企業合作之可行性，經紀公司就能夠開拓當地市場並獲得更多收益，當地企業也能夠從中穩定的獲得韓國歌手藝人與K-POP帶來的龐大利益。而與當地企業之合作案從單純的商品廣告代言、產品宣傳活動、品牌宣傳等皆屬可行。同時政策若亦支援韓國企業與K-POP攜手合作，一同走進海外市場，對於經濟面、社會面皆具極大之影響效果。

建構有效率之商業音樂環境

(1)杜絕非法下載

方便收聽音樂是基於技術發展之因，然而卻也為音樂市場之收益帶來極大的損失。就像我們在購買咖啡或是自用車時，需要支付一定費用一樣，聽音樂也應當支付一定費用。但是目前為止，透過 Webhard 或是P2P方式非法下載音樂的情況依舊，為了導正此一行為，尚需教育以及宣傳，讓大眾了解著作權並提高大眾對於著作權之概念。同時國家亦需積極制定相關法規並且嚴格執行。

(2)音源費用正常化

目前付費收聽音樂的人越來越多，但是人們對於音樂的價值尚屬低價狀態，早期的音源串流市場於西元二〇〇〇年左右登場，當時無線串流使用之價格為三千韓圜（一個月），現今則提高至六千韓圜，但這卻是花了十幾年以上的時間。雖然亦有人主張價格已比過往提高兩倍，但是比起CD的全盛時代，串流價格依然過於便宜。而與國外的音樂串流市場每月平均約一萬韓圜相比，韓國音樂串流市場價格過低也是事實。

人們對於無形的內容需要支付一定費用購買之意識漸增，整體社會也從下載模式走向串流模式，然而若安於現今價格而錯失提高價格之機會，等於是我們放棄了機會，提高了選擇「幼稚錯誤」的可能性。

—3— K-POP音樂產業的未來

韓國目前席捲全球半導體市場、鋼鐵產業、船舶產業，亦屬於引領者角色的原因何在？不就是二、三十年前政府對於未來有遠見，並積極支援韓國國內的企業，透過各項支援與優惠，才使得這些產業走向國際市場。不僅帶著「韓戰結束之後，國家就能開始發展」的期待，更建立了「經濟發展計畫」，並依據計畫策略，以「支援與優惠」方式支援企業發展，讓企業能夠與全球各國競爭，這是我們「策略努力」的成果。

同樣的，提供「政府策略計畫與支援」給予「以活躍於全球商業音樂產業為目標之產業人

才」，徹底從制度與環境面提升音樂價值，才能夠讓K-POP在十年、二十年後成為全球音樂市場的領導者。

音樂產業與一般產品、服務相較之下，更難在海外市場拓展扎根，但是基於各項因素，使得K-POP席捲全球市場受到矚目，這千載難逢的機會不可放棄，若能活用K-POP的高人氣應用於其他產業，或是將K-POP與其他產業結合，其成果不僅能夠帶動商業音樂，同時也能夠促進其他產業的發展。韓國生產性本部[3]（the Korea Productivity Center）指出二〇一二年為基準，製造業平均增值率（added value ratio）約為14％，相反的，同一年度為基準之音樂產業平均增值率為42％[4]，這顯示音樂等文化內容產業確實能夠站在一個有利的地位。當前，若能理解並發展商業音樂，不僅對於商業音樂（music business）的未來，和國家整體發展都有利。

音樂評論家徐正敏[5]指出「每天聽到的音樂，彷彿一點一滴滲透進我的身體，從耳蝸到血液、到骨頭，掃過我全身，與我融合為一體。而那一瞬間，我的身體就像年輪一樣留下他的痕跡，成為我的一部分不是嗎？」許多人都知道我們的生命、我們的人生離不開音樂，不論是歡笑、淚水、開心、失意、孤單時，音樂都扮演著給我們幸福、治癒我們心靈的角色。而音樂，是許多人費盡心思創作，透過投資、物流、服務的價值鏈，才能夠傳達到我們手中。

商業音樂＝以音樂連結之事

著作權人 — 歌手藝人 — 經紀公司 — 物流公司 — 服務公司 — 消費者（歌迷）

商業音樂（music business）連結多種類型的音樂類型，製作更多更好的音樂讓更多人聽見，希望我們能逐步做大商業音樂的類型，一同分享更多的利益，而本書即是為了這一期待而出版。

以K-POP商業音樂之價值鏈為中心，整理說明各個階段需要熟知的相關知識。

對於商業音樂（music business）之各個階段若缺乏綜合性的理解，容易產生誤會與偏見，導致訴訟糾紛不斷。然而若能夠徹底認識理解音樂產業與商業音樂的運作，就能夠減少這些問題的發生。

透過本書的內容整理，使大眾更能夠確實理解K-POP商業音樂。

3 譯註：原文為한국생산성본부，暫譯為「韓國生產性本部」，依據韓國產業發展法第三十二條設立，目標為提升制度化之產業生產力、發展國民經濟。

4 內容產業統計（二〇一三），韓國內容振興院。

5 譯註：為韓國大眾音樂獎選拔委員與NAVER ON STAGE http://music.naver.com/onStage/onStageReviewList.nhn 計畫委員，並於「民眾的聲音」、「Jazz People」等媒體撰文。

圖、表目錄